Python 程序设计与应用

主　编　王晓斌　于欣鑫　王茵娇
副主编　唐金环　张森悦　郭熹崴　王庆军

北京航空航天大学出版社

内容简介

本书为将“Python程序设计与应用”作为第一门编程语言课程的学生编写，特别适合非计算机专业的本科学生的学习。

本书由浅入深地介绍了Python语言最基本、最实用的内容，共分为9章，主要包括：Python概述、Python编程基础、Python序列结构、Python控制结构、Python函数、Python面向对象程序设计、Python文件、Python异常处理、Python应用等。其中，1～8章为Python编程基础；第9章为提高与拓展，主要介绍了图形用户界面设计、数据库操作、网络爬虫、数据分析及可视化、AI等方面的Python应用。书中安排了大量程序设计实例、习题、上机实践和自测题，能够帮助学生更好地理解和掌握运用Python语言进行程序设计的方法和技巧；通过自测题也可以检验学生对所学知识和技术的理解和掌握程度。

本书既可作为非计算机专业学生的程序设计教材，也可作为计算机专业学生学习的基础教材；另外也可供自学者以及参加Python语言计算机等级考试者阅读参考。

图书在版编目(CIP)数据

Python程序设计与应用 / 王晓斌，于欣鑫，王茵娇主编. --北京 ：北京航空航天大学出版社，2020.10

ISBN 978-7-5124-3371-7

Ⅰ. ①P… Ⅱ. ①王… ②于… ③王… Ⅲ. ①软件工具—程序设计—教材 Ⅳ. ①TP311.561

中国版本图书馆CIP数据核字(2020)第189152号

Python程序设计与应用

主　编　王晓斌　于欣鑫　王茵娇

副主编　唐金环　张森悦　郭熹崴　王庆军

责任编辑　孙兴芳

*

北京航空航天大学出版社出版发行

北京市海淀区学院路37号(邮编100191)　http://www.buaapress.com.cn

发行部电话：(010)82317024　传真：(010)82328026

读者信箱：goodtextbook@126.com　邮购电话：(010)82316936

北京九州迅驰传媒文化有限公司印装　各地书店经销

*

开本：787×1 092　1/16　印张：12.5　字数：320千字

2020年11月第1版　2020年11月第1次印刷　印数：1 000册

ISBN 978-7-5124-3371-7　定价：36.00元

前　　言

随着计算机技术、互联网技术、人工智能、大数据分析、数据可视化技术等的普及与应用，计算机已经成为各行各业最基本的工具之一。Python 语言作为一种跨平台、开源、免费的解释型高级动态编程语言，以短小精干、功能强大、快速解决问题以及强大的“胶水”功能等特点广泛渗透到几乎所有领域和学科。Python 语言因其易学易用的语法特点和强大的应用功能，既兼顾了诸多高级语言的优点，又提供了面向对象的集成开发环境，特别是近几年人工智能、大数据分析、数据可视化技术应用的火热驱动，目前国内大部分高校都把 Python 语言作为计算机和非计算机相关专业学生学习的第一门程序设计语言课程。

Python 特点突出，功能强大。本书从大数据管理及应用、信息管理与信息系统等非计算机专业的专业特点、培养目标以及教学大纲学习要求出发，结合编者近二十年一线教学实践经验，编写了这本完全适合专业学生培养目标的教材。本书重点突出、层次清晰、循序渐进、理论联系实际；另外，还使用了大量实用的示例，使学生轻松上手、快速掌握所学内容，全面提高学、练、用的能力。全书共 9 章，主要内容包括：第 1 章 Python 概述、第 2 章 Python 编程基础、第 3 章 Python 序列结构、第 4 章 Python 控制结构、第 5 章 Python 函数、第 6 章 Python 面向对象程序设计、第 7 章 Python 文件、第 8 章 Python 异常处理、第 9 章 Python 应用。另外，本书还针对所学内容提供了上机实验和自测题，以强化和巩固所学知识。

本书可作为高等学校各专业程序设计基础教学的教材，尤其适合应用型本科、高职院校的计算机及非计算机专业的学生使用，同时也可作为编程人员和 Python 语言自学者的参考用书。

本书由沈阳航空航天大学的王晓斌、于欣鑫、唐金环、王庆军、张森悦、郭熹崴和中国银行的王茵娇共同编写。

由于编者水平有限，书中难免存在一些缺点和错误，恳请广大读者批评指正。

编　者

2020 年 3 月

目　录

第 1 章

Python 概述

学习导读

主要内容

计算机技术和互联网技术应用领域内容博大、宽泛，程序设计算法的设计与实现是基础。Python 语言以快速解决问题而著称，其特点在于提供了丰富的内置对象、运算符和标准库对象，而庞大的扩展库更是极大增强了 Python 的功能，大幅拓展了 Python 的用武之地，其应用已经渗透到几乎所有领域和学科。本章主要介绍：程序设计；Python 语言特点、版本、安装与配置、编码工具、编辑规范、扩展库安装、标准库对象与扩展库对象的导入和使用。

学习目标

- 了解程序设计概念、程序算法描述和编程语言实现；
- 了解编程语言、程序、软件之间的关系；
- 了解 Python 语言应用；
- 熟悉 Python 开发环境；
- 了解 Python 编码规范；
- 掌握 Python 扩展库安装方式和标准对象与扩展对象的导入和使用。

重点与难点

重点：算法描述，Python 的开发环境、编码规范、标准库与扩展库的使用。

难点：问题的算法描述(流程图表示)。

1.1 程序设计

1.1.1 程序与计算机程序

1. 程　序

通常，完成一项复杂的任务需要进行一系列的具体工作，这些按一定的顺序安排的工作即操作序列，就称为程序。

程序主要用于描述完成某项功能所涉及的对象和动作规则。

如，某一个学校颁奖大会的程序：

- 宣布大会开始；
- 介绍出席大会的领导；

- 校长讲话；
- 宣布获奖名单；
- 颁奖；
- 获奖代表发言；
- 宣布大会结束。

2. 计算机程序

计算机程序是为实现特定目标或解决特定问题而用计算机语言编写的命令序列的集合（语句和指令）。

计算机程序分为两类：

- 系统程序（操作系统 OS、SQL Server 数据库管理系统等）；
- 应用程序（用汇编语言、高级语言编写的可执行文件）。

计算机程序的特性：

- 目的性（程序有明确的目的）；
- 分步性（程序由一系列计算机可执行的步骤组成）；
- 有序性（不可随意改变程序步骤的执行顺序）；
- 有限性（程序所包含的步骤是有限的）；
- 操作性（有意义的程序总是对某些对象进行操作）。

计算机程序可以用机器语言、汇编语言、高级语言来编写。

1.1.2 计算机程序设计语言

计算机程序设计语言，即程序设计语言，通常简称为编程语言，是一组用来定义计算机程序的语法规则。人与计算机通信也需要语言，为了使计算机做各种工作，就需要有一套用于编写计算机程序的数字、字符和语法规则，由这些字符和语法规则组成的计算机各种指令（或各种语句），就是计算机能接受的语言。

程序设计语言有高级语言和低级语言之分，C/C++语言是高级语言，机器语言是低级语言，汇编语言基本上是低级语言。

程序设计语言分为三类：

- 机器语言；
- 汇编语言；
- 高级语言（面向过程的语言、面向问题的语言、面向对象的语言）。

1. 机器语言

一个机器语言程序段：

```
00111110
00011010
11111110
00100100
11010011
00101111
01110110
```

优点:能被计算机直接识别和执行,执行速度快。

缺点:程序是 0 和 1 的二进制编码,可读性非常差,编程很不方便,指令难以记忆,容易出错且不易修改。

2. 汇编语言

汇编语言采用记忆符号来代替机器语言的二进制编码,如用记忆符 ADD 代替加法指令,用 OUT 代替输出指令等。

前述的机器语言程序段改用汇编语言可写成:

```
LD    A,26
ADD   A,36
OUT   (48),A
HALT
```

说明:汇编语言需要“翻译”后才能在计算机上执行。

优点:相对机器语言,编程较为方便。

缺点:汇编语言仍脱离不了具体机器的指令系统,它所用的指令符号与机器指令基本上是一一对应的,编程效率不高,非专业编程人员很难使用。

3. 高级语言

高级语言与人类自然语言和数学算式相当接近,而且不依赖于某台机器,通用性好。

Python 语言编写的简单程序段:

```
a = 26 + 36
print(a)
```

高级语言程序也必须经过“翻译”,即把人们用高级语言编写的程序(称为源程序)翻译成机器语言程序(称为目标程序)后才能执行。

两种翻译方式:

- 编译方式,就是通过编译器(编译程序)把高级语言程序一次性翻译成计算机能够识别的机器语言。被翻译完成后的程序执行速度快。
- 解释方式,就是通过解释器(解释程序)把高级语言程序一行一行地翻译成机器语言。每执行一行代码,就解释翻译一次,解释执行代码速度比较慢。

高级语言一般采用上述两种翻译方式,如图 1-1 所示。通常情况下,学习阶段采用解释方式,应用阶段采用编译方式。

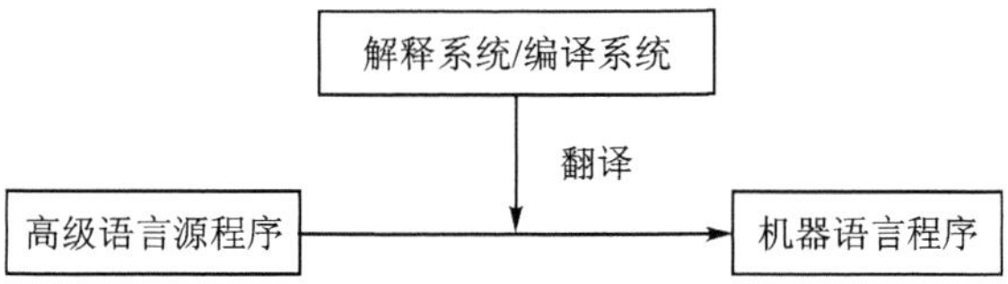

图 1-1　高级语言程序与机器语言程序的转换

1.1.3 计算机程序设计

1. 程序设计

程序设计，即计算机程序设计，是根据系统设计文档中有关模块的处理过程描述，选择合适的程序语言，编制正确、清晰、鲁棒性强、易维护、易理解和高效率程序的过程。

2. 程序设计原则

① 正确性，编制出来的程序能够严格按照规定的要求，准确无误地提供预期的全部信息。

② 可维护性，程序的应变能力强。当程序执行过程中发现问题或客观条件发生变化时，调整和修改程序比较简便易行。

③ 可靠性，程序应具有较好的容错能力，不仅在正常情况下能正确工作，而且在意外情况下也要能做出适当的处理，以免造成严重损失。尽管不能希望一个程序达到零缺陷，但它应当是十分可靠的。

④ 可理解性，指程序的内容清晰、明了，便于阅读和理解。对大型程序来说，要求它不仅逻辑上应正确，能执行，而且应层次清楚，简洁明了，便于阅读。

⑤ 效率高，程序的结构严谨，运算处理速度快，节省机时。程序和数据的存储、调用安排得当，节省空间，即系统运行时尽管占用较少空间，却能用较快速度完成规定功能。

3. 程序设计方法

按程序开发路径分有两种程序设计方法：

① 自顶向下的程序设计方法（从最高层开始，直至实现最低层为止）；

② 自底向上的程序设计方法（从最底层开始，直至实现最高层为止）。

4. 程序设计的步骤

明确条件、分析数据、确定流程、编写程序、检查和调试、编写程序使用说明书，是程序设计的主要步骤。

5. 编程风格

① 标识符的命名；

② 程序的书写格式；

③ 程序的注释；

④ 程序的输入和输出。

1.1.4 编程语言、程序和软件

1. 编程语言

编程语言（programming language）是一种形式语言，它指定了一组可用于产生各种输出的指令。编程语言通常由计算机指令组成，可以用来创建实现特定算法的程序。例如：Python、C、Java、C++、C#、R、JavaScript、PHP 等。

2. 计算机程序

计算机程序（computer program）简称程序，是由计算机执行的执行特定任务指令的集合。

3. 计算机软件

计算机软件(software)简称软件,是一系列按照特定顺序组织的计算机数据和指令的集合。例如:办公软件 Office、Windows 操作系统、微信、QQ、网站等。

4. 编程语言、程序、软件三者之间的关系

程序员通过编程语言编写程序,再通过编译和发布,产生为用户所使用的软件。编程语言、程序、软件三者之间的关系如图 1－2 所示。

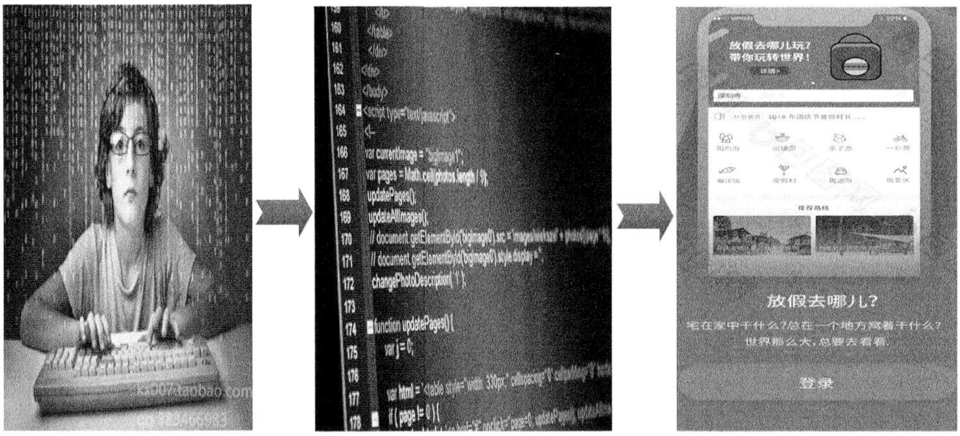

(a) 编程语言　　(b) 程　序　　(c) 软　件

图 1－2　编程语言、程序、软件三者之间的关系

1.1.5　算法及其描述

算法是学习程序设计的基础,掌握算法可以帮助读者快速理清程序设计的思路,找出问题的多种解决方法,从而选择最合适的解决方案。

1. 算　法

做任何事情都有一定的步骤,算法就是解决某个问题或处理某件事的方法和步骤。人们使用计算机,就是利用计算机处理各种不同的问题,而要解决问题,必须事先对各类问题进行分析,确定采用的方法和步骤。此处所讲的算法是专指用计算机解决某一问题的方法和步骤。

2. 算法的特点

① 有穷性:算法必须能在有限的时间内完成问题的求解。

② 确定性:一个算法给出的每个计算步骤,必须是精确定义,无二义性的。

③ 有效性:算法中的每一个步骤必须有效地执行,并能得到确定结果。

④ 可行性:设计的算法执行后必须有一个或多个输出结果,否则是无意义的、不可行的。

3. 算法设计的基本方法

算法设计的基本方法有列举法、归纳法、递推法、递归法、减半递推法和回溯法。

4. 算法复杂度

① 算法的时间复杂度:执行算法所需要的计算工作量(算法执行的基本运算次数)。

② 算法的空间复杂度：执行算法所需要的内存空间(算法程序所占空间、输入初始数据所占空间和算法执行过程中所需额外空间)。

5. 算法的描述方法

① 自然语言：日常使用的语言描述方法和步骤，通俗易懂，但比较烦琐、冗长，并且对程序流向等描述不明了、不直观。

② 传统流程图：通过图形描述，具有逻辑清楚、直观形象、易于理解等特点。

传统流程图的基本流程图符号及说明如表 1 - 1 所列。

表 1 - 1　流程图符号及说明

图形符号	名　称	说　明
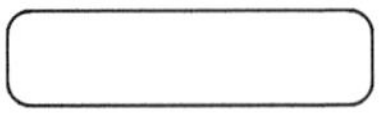	起止框	算法流程的开始和结束
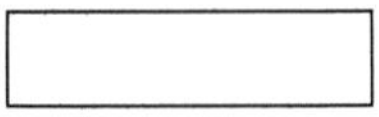	处理框	完成某种操作(初始化或运算赋值等)
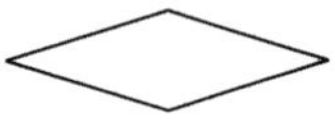	判断框	判断选择，根据条件满足与否选择不同路径
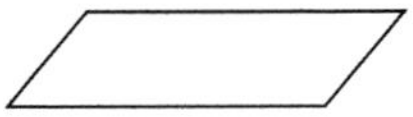	输入/输出框	数据的输入/输出操作
	流程线	程序执行的流向
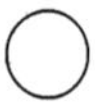	连接点	流程分支的连接

③ N - S 结构化流程图：将传统流程图中的流程线去掉，把全部算法写在一个矩形框内，有利于程序设计的结构化。

注意：当程序算法比较烦琐时，一般采用 N - S 结构化流程图，但对初学者和当编写不复杂、较小的程序时，建议使用传统流程图来描述算法。

1.1.6　结构化程序的三种基本结构

在结构化程序设计中，构成算法的基本结构有三种：顺序结构、选择结构和循环结构。合理采用结构化程序设计方法，可使程序结构清晰、易读性强，提高程序设计的质量和效率。

1. 顺序结构

顺序结构是最简单也是最基本的程序结构，其按语句书写的先后顺序依次执行，顺序结构中的每一条语句都被执行一次，而且仅被执行一次。其传统流程图表示与 N - S 结构化流程图表示如图 1 - 3 所示。

2. 选择结构

首先判断给定的条件，根据判断的结果决定执行哪个分支的语句。选择结构有单分支、双分支和多分支之分。双分支和单分支选择结构的传统流程图表示与 N - S 结构化流程图表示，分别如图 1 - 4 和图 1 - 5 所示。

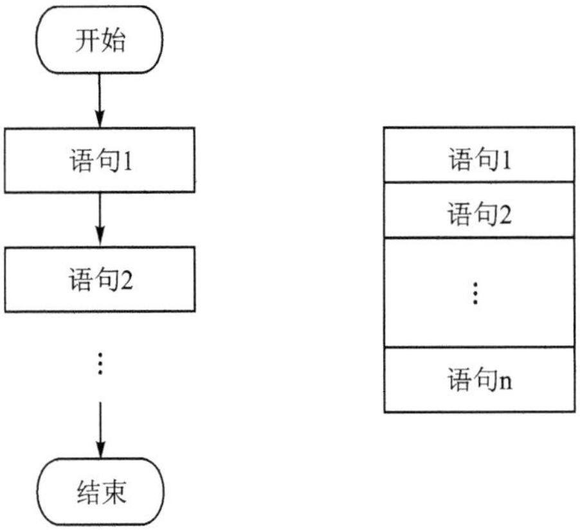

(a) 传统流程图　　(b) N-S结构化流程图

图 1-3　顺序结构流程图

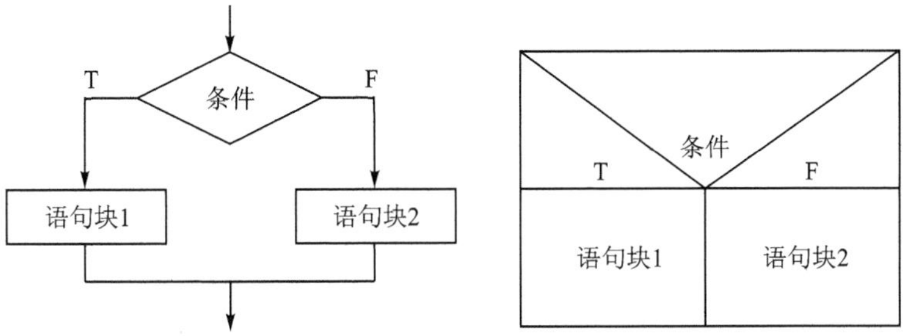

(a) 传统流程图　　(b) N-S结构化流程图

图 1-4　双分支选择结构流程图

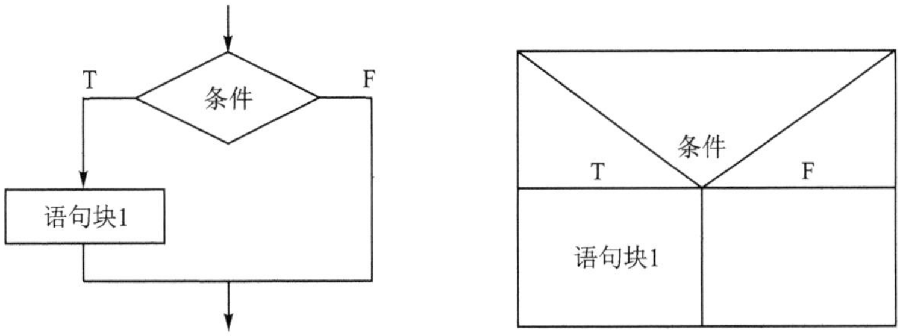

(a) 传统流程图　　(b) N-S结构化流程图

图 1-5　单分支选择结构流程图

3. 循环结构

按照需要多次重复执行一条或多条语句划分，循环结构分为：当型循环和直到型循环。

① 当型循环：先判断后执行，即当条件为 True 时反复执行循环体（一条或多条语句）；当条件为 False 时，跳出循环结构，继续执行循环后面的语句，流程图如图 1-6 所示。

② 直到型循环：先执行后判断，即先执行循环体（一条或多条语句），再进行条件判断，直到条件为 False 时，跳出循环结构，继续执行循环后面的语句，流程图如图 1-7 所示。

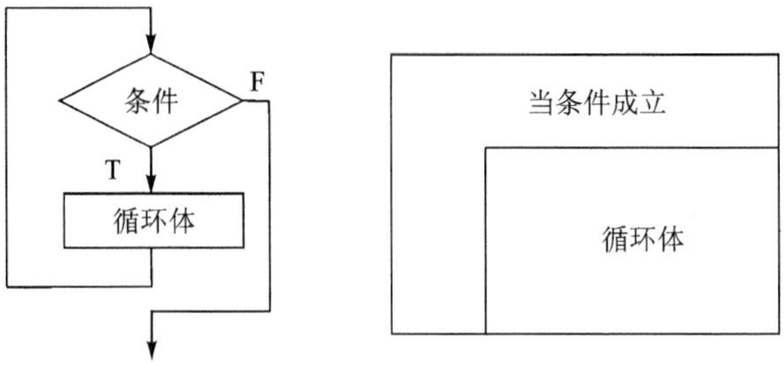

(a) 传统流程图　　(b) N-S结构化流程图

图 1-6　当型循环流程图

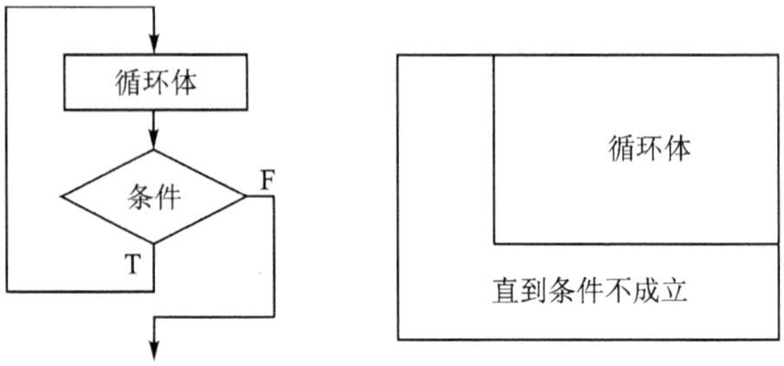

(a) 传统流程图　　(b) N-S结构化流程图

图 1-7　直到型循环流程图

两个变量的值进行调换，比较输出两个数的最大值，计算 1 到 N 之间自然数累加和的算法结构，如图 1-8～图 1-10 所示。

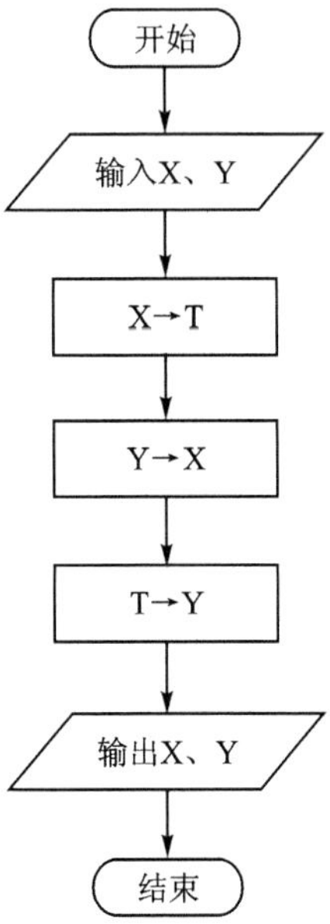

图 1-8　数值调换流程

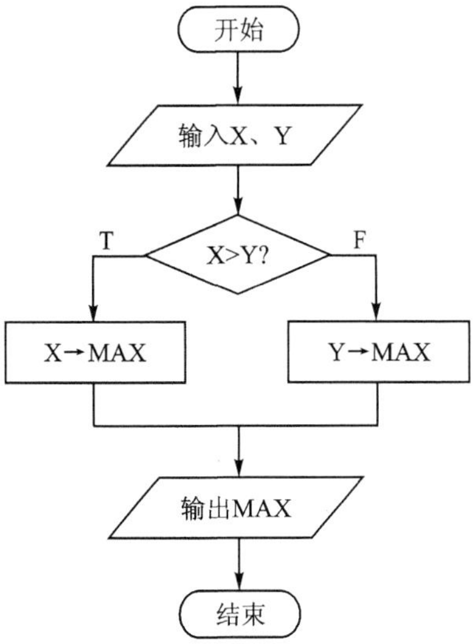

图 1-9　比较最大值流程图

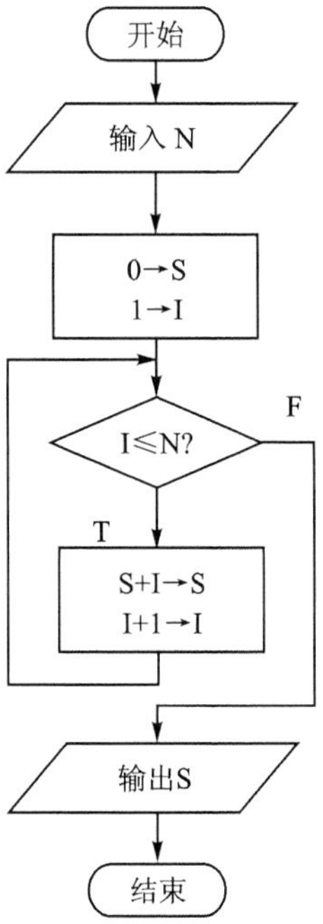

图 1-10　自然数累加流程

1.1.7 面向过程程序设计的特点

面向过程程序设计方法的主要原则概括为：自顶向下、逐步求精、模块化。

- 自顶向下：进行程序设计时，先考虑主体，后考虑细节；先考虑全局目标，后考虑具体问题。
- 逐步求精：将复杂问题细化，细分为逐个小问题依次求解。
- 模块化：将程序要解决的总目标分解为若干个目标，再进一步分解为具体的小目标，每个小目标称为一个模块。

1.1.8 面向对象程序设计的特点

Python 是支持面向对象的程序设计。物以类聚，人以群分，面向对象程序设计的方法如实地反映了客观事物的存在规律，将数据和操作数据的方法（函数）视为一体，作为一个互相依存、不可分割的实体来处理。面向对象程序设计语言具有如下三个特征：

- 封装性：类将数据和操作封装为用户自定义的抽象数据类型。
- 继承性：类能被复用，具有继承（派生）机制。
- 多态性：类具有动态联编机制。

Python 面向对象程序设计的封装性、继承性和多态性将在第 6 章 Python 面向对象程序设计中进行介绍。

1.2 Python 语言简介

Python 是由 Guido van Rossum 于 1989 年圣诞节期间在阿姆斯特丹创造的，第一个公开发行版发行于 1991 年。

Python 真正成名比 Java（1995 年发行，红了二十多年）晚了很多年，主要是因为应用领域的时代变迁，特别是大数据和人工智能的出现。

1.2.1 Python 语言特点

Python 语言的名称来自英国一个著名的电视剧 *Monty Python's Flying Circus* 的名称。Python 语言是一种应用广泛的通用高级编程语言，其特点主要包括：

① 是一门跨平台、开源、免费的解释型高级动态编程语言，并且支持伪编译将 Python 源程序转换为字节码来优化程序和提高运行速度。

② 支持命令式编程（how to do）和函数式编程（what to do）两种方式，语法简洁清晰，拥有大量的几乎支持所有领域应用开发的成熟扩展库，功能强大，编程更加容易。

③ 几乎全部包含了面向对象程序设计的特征，完全支持面向对象的程序设计，通过类和对象的概念把数据和对数据的操作封装在一起，模块的独立性更强。通过派生、多态以及模板机制来实现软件的复用。

④ 具有语言兼容性，拥有强大的“胶水”功能，可以把多种不同语言编写的程序融合到一起实现无缝拼接，更好地发挥不同语言和工具的优势，满足不同应用领域的需求。

⑤ 具有很好的通用性和可移植性。

⑥ 具有丰富的数据类型和运算符,并提供了功能强大的库函数。

Python 是一种解释型语言,开发过程中没有编译这个环节,类似于 PHP 和 Perl 语言。Python 是交互式语言,可以在 Python 提示符后面直接互动输入和执行命令和程序。Python 是面向对象语言,支持面向对象的封装编程技术。

Python 是初学者的语言,对初级程序员而言,是一种伟大的语言。它支持几乎所有领域的应用程序开发(大数据统计分析可视化、移动终端开发、系统安全、图像处理、人工智能、机器学习、游戏设计、Web 开发、网络爬虫、密码学、音乐视频编程特效、电子电路计算机辅助设计等)。

1.2.2 Python 应用排名

Python 已经成为最受欢迎的程序设计语言之一。2011 年 1 月,它被 TIOBE 编程语言排行榜评为 2010 年度语言。2017 年 7 月的 TIOBE 排行榜,Python 依旧排名第四,如图 1-11 所示。2019 年 3 月的 TIOBE 排行榜,Python 排名上升为第三,如图 1-12 所示。

Jul 2017	Jul 2016	Change	Programming Language	Ratings	Change
1	1		Java	13.774%	-6.03%
2	2		C	7.321%	-4.92%
3	3		C++	5.576%	-0.73%
4	4		Python	3.543%	-0.62%
5	5		C#	3.518%	-0.40%
6	6		PHP	3.093%	-0.18%
7	8	∧	Visual Basic.NET	3.050%	+0.53%
8	7	∨	JavaScript	2.606%	-0.04%
9	12	∧	Delphi/Object Pascal	2.490%	+0.45%
10	55	∧	Go	2.363%	+2.20%

图 1-11 2017 年的 TIOBE 排行榜

Mar 2019	Mar 2018	Change	Programming Language	Ratings	Change
1	1		Java	14.880%	-0.06%
2	2		C	13.305%	+0.55%
3	4	∧	Python	8.262%	+2.39%
4	3	∨	C++	8.126%	+1.67%
5	6	∧	Visual Basic.NET	6.429%	+2.34%
6	5	∨	C#	3.267%	-1.80%
7	8	∧	JavaScript	2.426%	-1.49%
8	7	∨	PHP	2.420%	-1.59%
9	10	∧	SQL	1.926%	-0.76%
10	14	∧	Objective-C	1.681%	-0.09%

图 1-12 2019 年的 TIOBE 排行榜

Python 的易学易用和其强大的功能优势，特别是最近几年大数据分析和人工智能的火爆发展趋势，让更多的编程初学者首选学习 Python 语言。

1.3 Python 开发环境的安装与配置

不同的计算机 OS 下，需要选择下载不同的 Python 安装包。Python 安装包下载地址：https://www.python.org/downloads/。

1. Python 安装包下载步骤

① 选择安装 Python 的操作系统类型(选择不同 OS 下的 Python 下载地址)；

② 选择 Python 版本；

③ 选择 32 位或 64 位安装包下载(CPU 32 位或 64 位)。

2. Python 3.7 安装步骤

① 在安装启动界面(Install Python 3.7.0(32 - bit))中，选中 Install launcher for all user (recommended)和 Add Python 3.7 to PATH(防止手工添加循环变量)复选框；单击 Install Now(全过程默认安装)或 Customize installation(自定义安装)选项，进入选择安装属性界面(Optional Feature)；

② 默认全选安装，单击 Next 按钮，进入高级选项设置界面(Advanced Option)；

③ 默认复选框选择，在 Customize install location 下选择设置安装路径，单击 Install 按钮，即完成安装过程。

1.4 Python 代码编辑工具

Python 支持命令式编程和函数式编程两种方式。下面重点介绍 Python 安装包自带的图形用户界面(GUI)代码开发工具 IDLE(集成开发和学习环境)，并让初学者简单了解其他商业级开发工具。

1.4.1 Python 交互式解释器

解释器的工作原理就是执行程序一行，解释翻译一行，解释方式编程语言的优势就是跨系统平台运行。Python 属于典型解释型编程语言，在正确安装配置 Python 环境后，单击安装功能中的【Python 3.7(32 - bit)】，如图 1 - 13 所示，就可以显示 Python 解释器交互式开发界面，如图 1 - 14 所示。在 Python 解释器命令提示符“>>>”后输入 Python 代码，进行一行一行交互式代码的提交运行，显示命令行运行结果。

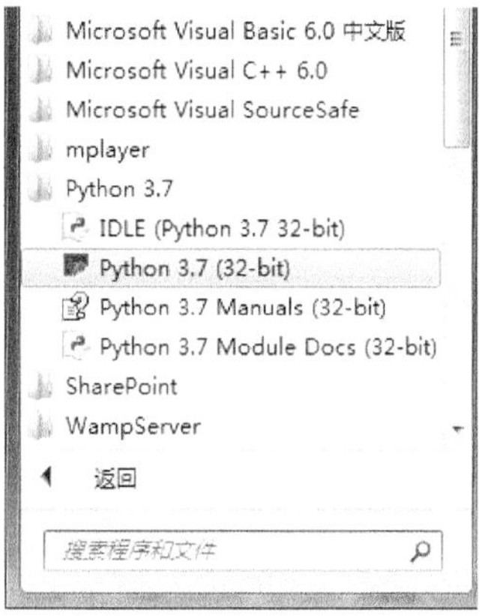

图 1 - 13 Python 主要安装功能

Python 交互式解释器只适用于单条命令、简单代码的验证或软件运行后台支持功能。学习和使用 Python 语言时，选择 Python 自带的 IDLE 或其他专业编程工具。

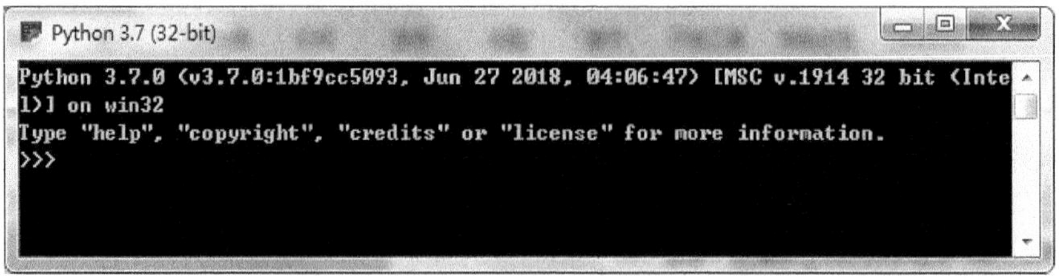

图 1-14　Python 解释器交互式开发界面

1.4.2　Python 自带工具 IDLE

Python 安装包自带的图形用户界面代码开发工具 IDLE，是 Python 主推的初学者代码学习和开发工具。

1. IDLE 的主要功能

- 支持交互式代码解释代码编写功能和脚本式代码编辑执行功能。
- 支持代码彩色显示、格式智能缩进、输出错误信息和多窗口代码编辑功能。
- 支持多文件代码搜索、代码连续断点跟踪调试功能。
- 支持 Python 标准库引用功能。

2. IDLE 操作

在正确安装配置 Python 环境后，如图 1-15 所示，选择【开始】|【程序】|【Python 3.7】|【IDLE(Python 3.7 32-bit)】菜单项，进入提供了 File、Edit、Shell、Debug、Options、Window 和 Help 功能菜单选项的 IDLE 编辑工具主界面 Python 3.7.0 Shell，如图 1-16 所示。

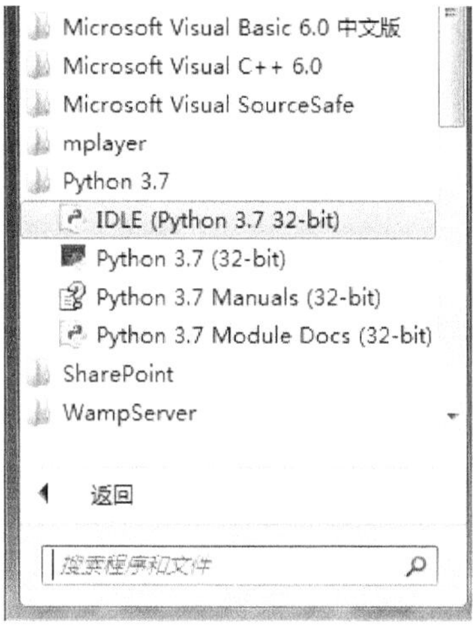

图 1-15　Python 主要安装功能

Python 交互式代码编辑执行与解释器的交互式操作相同。在提示符“>>>”后输入 Python 代码，按回车键显示代码执行的结果，如图 1-17 所示。

3. Python 脚本式代码编辑执行

① 在 Python 3.7.0 Shell 主界面窗口中，选择 File|New File 菜单项(或按 Ctrl+N 快捷键)，进入 Python 代码脚本编辑窗口，输入程序，然后选择 File|Save 菜单项，将脚本保存为 Python 文件，扩展名为.py，如图 1-18 所示。

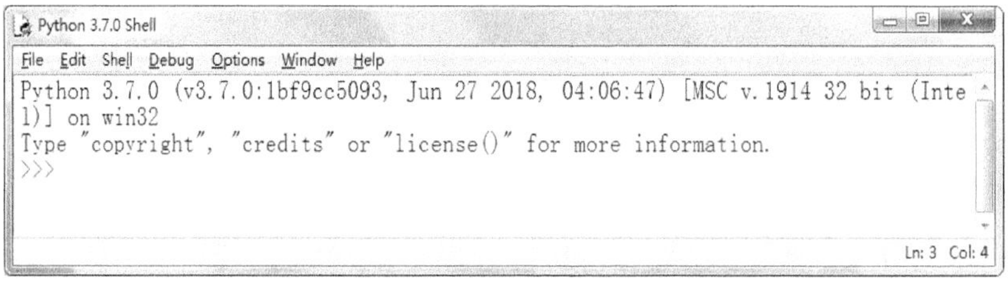

图 1-16　Python 的 IDLE 编辑工具

图 1－17　Python 交互式代码编辑执行

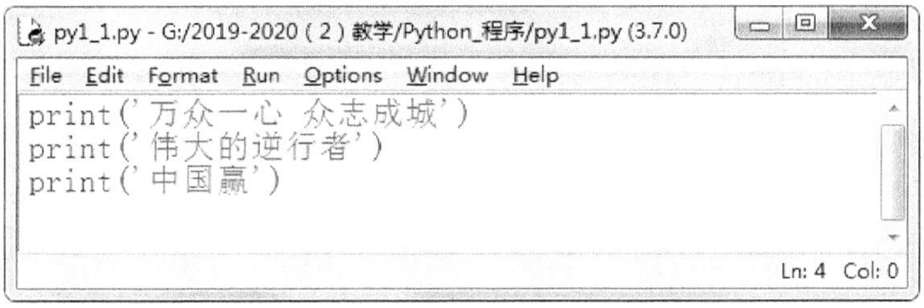

图 1－18　Python IDLE 脚本编辑

② 按 F5 键或选择 Run|Run Module F5 菜单项，IDLE 调用解释器执行脚本代码，结果显示在 Python 3.7.0 Shell 交互式窗口中，如图 1－19 所示。

图 1－19　Python IDLE 脚本执行

1.4.3　其他 Python 开发工具

Python 安装包自带的 IDLE 是 Python 主推的初学者代码学习和开发工具，但在实际商业开发环境下，更需要对于代码编写和项目管理来说更加方便的专业开发工具。下面简单介绍 Anaconda3、Eclipse Pydev、PyCharm、VIM、Wing 等几款专业开发工具。

1. Anaconda3 集成开发环境

Anaconda3 安装包集成了大量常用的扩展库，并提供 Jupyter Notebook 和 Spyder 两个集成开发环境，得到广大初学者、教学和科研人员的喜爱，是目前比较流行的 Python 开发环境之一。软件可以从官方网站 https://www.anaconda.com/download/下载安装。

2. Eclipse Pydev 集成开发环境

Eclipse 是一款基于 Java 的扩展的开发平台，可以通过安装插件的方式进行诸如 Python、Android、PHP 等语言的开发。其中，Pydev 是一个功能强大的 Eclipse 插件，使用户可用 Eclipse 进行 Python 应用程序的开发和调试。Pydev 插件的出现方便了众多 Python 开发人员，它提供了一些很好的功能，如语法错误提示、源代码编辑助手等。软件下载地址：www.pydev.org/download.html。

3. PyCharm、VIM 和 Wing 集成开发环境

PyCharm 是 Python 语言顶尖的专业集成开发环境，有免费社区版和面向企业开发者的高级专业版；VIM 免费、开放，在开发者社区非常流行；Wing 是面向专业人士的商业 Python 集成开发环境。

1.5 Python 编程规范

编程语言规范要求更易于读/写和维护。Python 非常重视代码的可读性，对代码布局和排版有严格的要求。

- 严格使用缩进来体现代码的逻辑从属关系（硬性要求）。在 Python 的选择结构、循环结构、函数定义、类定义和 with 语句等结构中，对应的语句、语句块或函数体都必须有相应的缩进空格。
- 每个 import 语句只导入一个模块，按照标准库、扩展库、自定义库的顺序依次导入。结合应用，只导入需要的模块对象，尽量避免导入整个库。
- 最好在每个类、函数、功能代码后加空行，运算符两侧加空格，逗号后加空格。
- 尽量不写过长语句，保证较好的可读性。当语句过长时，使用 Python 续行符“\”，或用“()”把多行代码括起来。
- 关键重要代码进行必要的注释，增加可读性和可维护性。Python 中有两种注释形式：#（单行注释）和三引号（多行注释）。

1.6 Python 标准库与扩展库

大多数基于 Python 开发的应用程序都会用到标准库和扩展库（第三方库），这样不仅能让开发设计人员把更多的时间和精力用在真正的业务设计和开发上，也能学习到更多价值含量高的程序设计和开发思想。Python 在安装时只包含标准库，并不包含任何扩展库，学习者或开发人员应根据实际需要选择合适的扩展库进行安装和使用。

1.6.1 Python 标准库

1. 标准库(模块)是什么

飞机工厂制造飞机，飞机是由千万个设备装置和元器件组装而成的，飞机工厂自己设计生产这些设备装置和元器件不现实，如果有许多仓库存放不同的飞机设备装置和元器件，那么生产组装飞机时，拿来所需的就可以了。标准库就像一个个仓库，里面有组装飞机所需的设备装置和元器件。

人们平时用的生活用品，不可能所有的都是由自己制作、生产的，是要到超市去买的。标准库就像一个超市，里面有你的大部分生活所需。

2. Python 的常用标准库

Python 标准库在 Python 安装时已经存在，库中内置了大量常用的函数和类，是 Python

解释器的核心功能之一。标准库的使用，让编程更加容易，极大提高了代码编写效率和编程质量。标准库对象需要导入后才能使用，常用的标准库如表 1－2 所列。

表 1－2 Python 常用标准模块

模块名称	说 明
math	数学
datetime	日期时间
random	随机
Functools	函数式编程
tkinter	GUI
urllib	网页内容读取地址解析
Os	操作系统接口
sys	系统运行环境特定参数功能
Hashlib	加密算法

1.6.2 扩展库安装

Python 的火热应用，得益于越来越丰富的扩展库，开发人员只要熟练使用这些扩展库，就将事半功倍，大大提高自己的编程开发效率。扩展库的使用，拓宽了 Python 功能应用领域。扩展库对象需要先安装相应的扩展库，然后导入才能使用。

Python 中安装扩展库有三种常用方式：pip 命令、tar. gz 文件、. whl 文件。

1. Python 的常用扩展库

Python 扩展库的官方地址：https://pypi. org，在这里可以搜索和下载各种扩展库。

Python 扩展库功能几乎应用到所有领域，数量已经超过十几万个，并且还在增多、丰富。Python 常用扩展库如表 1－3 所列。

表 1－3 Python 常用扩展库

扩展库名称	说 明
Arrow	使用起来比 datetime 更加方便智能
Behold	对于脚本语言，特别是大项目开发，调试库比 print 更轻松方便
Numba	数学分析和计算
Numpy	数组矩阵计算
Matlibplot	数据分析、数据可视化
Openpyxl	针对海量数据，通过程序帮助修改和完善 Excel 表中的数据
Pandas	数据分析
Pillow	完成 PS 中的神技（画面颜色、饱和度、图像尺寸、裁剪）
Pygame	封装常用游戏框架的几乎所有功能，开发游戏
Pyinstaller	将图形界面程序打包成 EXE 应用
Pyopengl	计算机图形学编程

续表 1-3

扩展库名称	说　明
Pyqt5	第三方 GUI 库，开发跨平台的图形应用程序
Python-docx	读/写 Word 文件
Scipy	科学计算
Scrapy	最好的爬虫框架，专门为爬虫而生
Shutil	系统运维
Splinter	使 Web 自动化测试更简单，比如单击浏览
Sklearn	机器学习
Tensorflow	深度学习

2. pip 安装扩展库

pip 是 Python 自带的安装、升级、卸载和管理扩展库的工具，使用命令操作非常方便，省去了手动搜索、查找版本、下载安装等一系列烦琐的步骤，而且还能自动解决包依赖问题。

使用 pip 安装和管理扩展库命令格式如下：

① pip list

功能：列出当前已安装的所有模块。

② pip freeze [> requirements. txt]

功能：以 requirements 的格式列出已安装的扩展库。

③ pip install Package[==version]

功能：在线安装 Package 扩展库的指定版本。

④ pip install Package. whl

功能：通过. whl 文件离线安装扩展库。

⑤ pip install package1 package2

功能：依次(在线)安装 package1、package2 扩展库。

⑥ pip install -r requirements. txt

功能：安装 requirements. txt 文件中指定的扩展库。

⑦ pip install --upgrade Package

功能：升级 Package 扩展库。

⑧ pip uninstall Package[==version]

功能：卸载 Package 模块的指定版本。

⑨ pip download Package[==version]

功能：下载扩展库的指定版本，不安装。

注意：如果要离线安装扩展库，则要把. whl 文件下载到系统 scripts 文件夹中。

1.6.3 标准库与扩展库中对象的导入

Python 编程时，如果涉及标准库对象或扩展库对象引用，则必须先导入才能使用。导入方式最好选择仅加载真正需要的标准库(或扩展库)和功能，其具有很强的可扩展性，可减轻运行的压力。

Python 标准库和扩展库的三种导入方式：

- import 模块名 [as 别名]

说明：必须以“模块名.对象名”或“别名.对象名”的形式访问对象。

- from 模块名 import 对象名 [as 别名]

说明：可以直接以“对象名”或“别名”的形式访问对象，不需加模块名前缀。

- from 模块名 import *

说明：一次性导入模块中所有对象，直接使用对象，无需模块前缀。

注：模块名就是标准库或扩展库名称；别名代表模块或对象；每个 import 语句只导入一个模块，并且按照标准库、扩展库和自定义的顺序导入。

【例 1-1】 “import 模块名 [as 别名]”的应用。

```
>>> import math as mt                        # 导入标准库 math,设置别名为 mt
>>> math.gcd(4,6)                            # 计算最大公约数
2
>>> n = math.sqrt(16)                        # 计算平方根,赋给变量 n
>>> n
4.0
>>> print(n)                                 # 输出变量 n 的值
4.0
>>> mt.trunc(6.8)                            # 通过别名,访问取整对象 trunc
6
>>> t_nums = (10,20,30)                      # 定义元组
>>> math.fsum(t_nums)                        # 计算元组中元素的和
60.0
>>> import random                            # 导入标准库 random
>>> random.random()                          # 随机生成[0,1)内的浮点数
0.514266660952543
>>> n1 = random.randint(1949,2020)           # 随机生成[1 949,2 010]内的整数
>>> n2 = random.randrange(1949,2020)         # 随机生成[1 949,2 010)内的整数
```

【例 1-2】 “from 模块名 import 对象名 [as 别名]”的应用。

```
>>> from datetime import datetime,date,time
>>> print(datetime.now())                    # 输出当天的日期和时间
2020-02-17 14:52:53.121870
>>> today = datetime.now()                   # 定义 today 为当前日期时间对象
>>> print(datetime.date(today))              # 输出当天的日期对象
2020-02-17
>>> print(datetime.time(today))              # 输出当天的时间对象
14:59:18.158950
>>> from random import sample                # 从 random 模块中导入 sample
>>> sample(range(10),5)                      # 在指定范围内选择不重复 5 个元素
[1,3,7,2,8]
```

【例 1-3】 “from 模块名 import * ”的应用

```
>>> from math import *                     #导入标准库 math 中的所有对象
>>> fabs(-100)                             #求绝对值,返回浮点数
100.0
>>> ceil(15.32)                            #对浮点数取大整数
16
>>> n = sqrt(16)                           #计算平方根,赋给变量 n
>>> n
4.0
```

本章小结

程序设计就是根据需要,选择合适的编程语言,编制实现具体功能程序的过程。算法是解决问题、处理事件的方法和步骤。结构化程序设计包括三种结构:顺序结构、选择结构和循环结构。程序设计语言有高级语言和低级语言之分,Python 语言是高级解释型编程语言。

Python 是一种代表简单主义思想的语言,以使用尽量少的代码快速解决问题而著称。Python 除了简单易学以外,还具有免费开源、跨平台性、高层语言、面向对象、丰富的库、"胶水"语言等优点,其已在科学计算、Web 开发、数据分析、人工智能等方面有着非常广泛的应用。

Python 支持命令式编程和函数式编程两种方式。Python 非常重视代码的可读性,对代码有严格的缩格要求。Python 标准库和扩展库拓展了 Python 应用,其中,内置标准库导入后才能使用;扩展库对象需要先安装扩展库,然后才能导入使用。

习题 1

1. 简答题

(1) 结合中国战"疫",都有哪些先进科技在控制疫情方面发挥了重要作用?

(2) 简述编程语言、程序和软件三者之间的关系。

(3) 简述 Python 的主要特点。为什么说 Python 是"胶水"语言?

(4) Python 有几种工作方式?

(5) 简述 Python 的主要应用领域。

(6) Python 内置函数、标准库、扩展库在使用时有何区别?

(7) 如何下载安装 Python 3.7?

2. 编写程序

编写一个 Python 程序,输出以下信息:

```
**********************************************************************
中国战"疫",我们都在为祖国做贡献!
伟大的逆行者,年轻的白衣天使,大爱人间,这就是中国医生!
万众一心,共克时艰,一定打赢这场无硝烟的战"疫"!
中国战"疫",先进科技助力控制疫情,好好学习!
等春来,我们好好拥抱!
**********************************************************************
```

第 2 章

Python 编程基础（知识）

学习导读

主要内容

编程的本质就是数据和运算。数据由基本数据类型、数据结构来表示；运算就是针对数据的各种操作，有基本的数学运算、逻辑判断和流程控制等。本章主要介绍 Python 编程所进行的数据存储、计算处理相关的内置对象、运算符表达式和内置函数等内容。

学习目标

- 理解变量类型的动态性和序列结构的特殊性；
- 掌握运算符和表达式的使用方法；
- 掌握内置函数的使用方法。

重点与难点

重点：内置对象方法和内置函数的使用。

难点：序列结构的数据存储应用。

2.1 Python 常用内置对象

Python 对象包括内置对象、标准库对象和扩展库对象，其中 Python 内置对象可以直接使用，不需要安装导入任何模块。数字、字符串、列表、元组、字典、集合、函数和类等都是 Python 对象。

2.1.1 Python 语言标识符

为了按照一定的语法规则构成 Python 语言的各种成分，如常量、变量等，Python 语言规定了基本词法单位——单词。构成单词的最重要的形式是关键字、标识符等。

1. Python 语言字符集

组成 Python 源程序的基本字符称为字符集，它是构成 Python 语言的基本元素。Python 语言使用的基本字符如下：

① 大小写英文字符：A～Z，a～z；

② 数字字符：0～9；

③ 特殊字符：＋＝－（ ） ＊＾％＃ ，\\ / < > { } [ ]；

④ 不可打印的字符：空格、换行符、制表符和响铃符。

一般 Python 源程序仅包括以上字符集合中的字符，在具体的 Python 语言解释翻译系统中可对上述字符集合加以扩充。

2. 关键字

关键字是具有特定含义的、专门用来说明 Python 语言的特定成分的一类单词，如关键字 def 用来定义函数，而 class 用来定义类。对于关键字，不允许通过任何方式来改变其含义，也不能用其做变量名、函数名或类名等标识符。Python 语言规定关键字都用小写字母书写，不能使用大些字母。附录 C 列出了常用的 Python 关键字。

3. 标识符

标识符是用来对变量、常量、函数、类等对象命名的有效字符序列，简单地说，标识符就是一个名字。Python 语言中对标识符作了如下规定：

① 标识符只能由字母、数字和下画线 3 种字符组成，且第一个字符必须为字母或下画线；

② 由于每个关键字都有特定的含义，所以不可以使用系统的关键字作为标识符，否则就会产生解释翻译错误；

③ 不建议使用内置的对象名和导入的扩展库名及其对象名作为标识符。

下面列出的是合法的标识符，可以使用：

xyz、_total、student_num、name、_2a3。

下面是不合法的标识符：

student. name、if、2020y、mm@sina、x＋y。

注意：解释器将大写字母和小写字母认为是两个不同的字符，所以 SUM 和 sum 是两个不同的标识符。

4. 注　释

Python 程序中可以使用注释，注释内容不参与解释翻译，只是一种对程序解释说明的标注。解释翻译时，程序把注释作为空白符跳过而不予处理。注释不允许嵌套。

可在语句之后用符号三引号"""…"""（或'''…'''）对 Python 程序作段注释，以增强程序的可读性，还可以用符号＃对某一行程序作出注释。

2.1.2　Python 数字类型分类

Python 的数字类型包括：整数、浮点数、复数和布尔。

程序中要对各种数据进行描述和操作，数字类型主要有两个作用：

① 指出了系统应为数据分配多大的存储空间；

② 规定了数据所能进行的操作。

不同类型的数据占用的内存字节数和表示数据的范围都是不同的。

1. 整数(integer，int)

在 Python 中，整数的长度不受限制，不必担心数值的大小问题，仅受内存（虚拟）限制。整数有十进制、二进制（0b 前缀）、八进制（0o 前缀）和十六进制（0x 前缀）等多种表示。

2. 浮点数(float)

在 Python 中，浮点数对应于数学中的实数，即带小数点的数字。

存储在计算机中的浮点数或浮点数运算可能会有误差。因为计算机内存中存储浮点数的位数有限,所以超过指定长度后,低位将进行近似处理。

3. 复数(complex)

在 Python 中,复数对应于数学中的复数,表示形式为 a+bj。

存储在计算机中的浮点数是有误差的。因为计算机内存中存储浮点数的位数有限,所以超过指定长度后,低位将进行近似处理。

4. 布尔(boolean,逻辑)

在 Python 中,用 True(1)、False(0)代表“真”和“假”,进行逻辑判断。

2.1.3 Python 的变量和常量

1. 变　量

在程序运行期间,其值可以改变的量称为变量。Python 的基本变量类型包括:数字(numeric)、字符串(string)、列表(list)、元组(tuple)和字典(dictionary)五大类。

Python 语言中的变量在程序中用变量名表示,变量名为由用户定义的合法标识符。一个变量实际上对应内存中具有特定属性的一个存储单元,变量名则是这个存储单元的符号表示,对应内存中的一个地址,该存储单元中存放的值就是该变量的值。

- 在 Python 中,变量没有先定义后使用的约束(C++、Java 等要求),即不需要事先声明变量(变量名和类型),赋值语句直接定义相应类型的变量。
- 在 Python 中,不仅变量的值可以改变,而且变量的类型也是随赋值类型而改变。
- 变量命名,严格遵守标识符命名规则。

变量赋值的三种形式:

- 形式 1:变量名 = 数值对象
- 形式 2:变量名 1 = 变量名 2 = … = 变量名 n = 数值对象
- 形式 3:变量名 1,变量名 2, … ,变量名 n = 对象 1,对象 2, … ,对象 n

说明:

① 形式 1,将一个数值对象赋值给一个变量。

② 形式 2,将一个数值对象同时赋值给多个不同的变量。

③ 形式 3,将多个不同的数值对象同时赋值给多个相应的变量。

上述变量赋值的三种形式应结合应用适当选择。

2. 常　量

在程序运行过程中,其值不变的量称为常量,如 1、-1.23、'china'、列表[10,20,30]、元组(2018,2019,2020)等都是常量。

【例 2-1】 Python 变量类型随赋值类型而改变。

```
>>> n = 2020                                    # 创建整型变量 n 并赋值 2020
>>> print(n)                                    # 输出整型变量 n 的值
2020
>>> n = "最伟大的逆行者"                         # 创建字符串变量 n 并赋值
>>> print(n)
```

```
最伟大的逆行者
>>> n = ['坚','信','爱','会','赢']                  #创建列表对象 n 并赋值
>>> print(n)
['坚','信','爱','会','赢']
```

【例 2-2】 Python 变量赋值两种特殊形式。

```
>>> x = y = z = 2020                             #创建整型变量 x、y、z 并赋相同值 2 020
>>> print(x, y, z)
2020 2020 2020
>>> x, y, z = 2020,'等春来','我们好好拥抱'      #创建整型变量 x、y、z 并赋不同的值
>>> print(x, y, z)
2020  等春来 我们好好拥抱
```

【例 2-3】 判断两个浮点数(实数)是否相等。

```
>>> 0.6 - 0.4                                    #浮点数相减,存在误差
0.19999999999999996
>>> 0.6 - 0.4 == 0.2                             #避免两个浮点数直接相等比较
False
>>> abs(0.6 - 0.4 - 0.2) <1e-8                   #用二者之差的绝对值足够小作为相等依据
True
```

2.1.4 Python 字符串

Python 字符串是由一对单引号(或双引号或三引号)括起来的字符序列,只有字符串常量或字符串变量(C 语言有字符常量和字符变量)如"梦圆中国　一生一世"、"CHINA"、'C'、'''$123.45''' 是合法的字符串常量。

- 字符串常量的每一个字符均以其 ASCII 码在内存中存放。
- 字符串的单引号、双引号、三引号可以互相嵌套。
- 默认使用 UTF8 编码格式,汉字作为一个字符处理,支持中文作为变量名。

字符串的操作和处理,在 Python 应用中占据重要地位。Python 字符串的操作和处理主要包括:字符串的创建、连接、切片、查找、替换等。Python 的许多内置函数、标准库对象和方法丰富了字符串的应用,其操作处理将在后续相关内容中介绍。

【例 2-4】 创建字符串、连接字符串。

```
>>> str1 = '中国加油!'                 #创建字符串
>>> str2 = "武汉加油!"
>>> str3 = '''最美白衣天使'''
>>> print(str3)
最美白衣天使
>>> str12 = str1 + str2                 #用"+"连接字符串
>>> print(str12)
中国加油! 武汉加油!
>>> str4 = "山川异域,"
>>> str4 = str4 + "风月同天"
```

```
>>> print(str4)
山川异域,风月同天
>>> str1 * 3                        #用"*"重复连接字符串
'中国加油！中国加油！中国加油！'
```

【例 2-5】 用成员测试运算符"in"测试字符串是否存在于另一个字符串中。

```
>>> str1 = "为逆行者点赞,春天一定会到来!"'
>>> "春天" in str1                   #用"in"测试
True
```

提示:字符串结构及其操作为应用带来许多好处,但字符串结构的特点决定了用字符串去存储多类型复合结构的记录内容,既不科学,又显得操作力不从心。

2.1.5 Python 的列表、元组、字典和集合

列表(list)、元组(tuple)、字典(dict)和集合(set)是区别于其他编程语言的四种特殊序列结构,是 Python 内置的容器对象,由多个元素组成。四种特殊序列结构用于存储大量不同类型的数据,弥补了字符串结构和操作的不足。Python 支持四种序列结构的更多功能操作将在第 3 章详细介绍。

【例 2-6】 列表、元组、字典、集合的创建和对象元素引用输出。

```
>>> list_1 = ['众','志','成','城','共','克','时','艰'] #创建列表
>>> tuple_1 = ('众','志','成','城','共','克','时','艰')#创建元组
>>> set_1 = {'众','志','成','城','共','克','时','艰'}  #创建集合
>>> dict_1 = {'梦桐':100,'端端':98,'欣欣':96}          #创建字典,元素形式"键:值"
>>> list_1
['众','志','成','城','共','克','时','艰']
>>> print(list_1[0], list_1[1], list_1[2], list_1[3])        #输出列表元素
众 志 成 城
>>> print(tuple_1[4], tuple_1[5], tuple_1[6], tuple_1[7])    #输出元组元素
共 克 时 艰
>>> print(dict_1['梦桐'], dict_1['端端'])                    #输出字典元素值(通过"键")
100 98
>>> '梦桐' in dict_1                                         #成员测试
True
```

2.2 Python 运算符与表达式

运算符是对数据进行特定运算的符号,如+、-、*、/等。Python 语言中的运算符很丰富,应用范围也很广。运算符和运算对象连接在一起就构成了表达式,不同的表达式有不同的求值规则。丰富的运算符和表达式使程序的编写变得灵活、简单而高效。

Python 运算符如表 2-1 所列。运算符优先级运算规则如下:

算术运算符(高)→位运算符→成员测试运算符→关系运算符→逻辑运算符(低)。

表 2-1 Python 运算符

<table>
<tr><th>运算符</th><th>功能说明</th></tr>
<tr><td>+</td><td>算术加法，列表、元组、字符串合并与连接，正号</td></tr>
<tr><td>-</td><td>算术减法，集合差集，相反数</td></tr>
<tr><td>*</td><td>算术乘法，序列重复</td></tr>
<tr><td>/</td><td>真除法</td></tr>
<tr><td>//</td><td>求整商，但如果操作数中有实数，则结果为实数形式的整数</td></tr>
<tr><td>%</td><td>求余数，字符串格式化</td></tr>
<tr><td>**</td><td>幂运算</td></tr>
<tr><td><、>、<=、>=、==、!=</td><td>(值)大小比较，集合的包含关系比较</td></tr>
<tr><td>not、and、or</td><td>逻辑非、逻辑与、逻辑或</td></tr>
<tr><td>in</td><td>成员测试</td></tr>
<tr><td>is</td><td>对象同一性测试，测试是否为同一个对象或内存地址是否相同</td></tr>
<tr><td>|、^、&、<<、>> 、~</td><td>位或、位异或、位与、左移位、右移位、位求反</td></tr>
<tr><td>&、|、^</td><td>集合交集、并集、对称差集</td></tr>
<tr><td>@</td><td>矩阵相乘运算符</td></tr>
<tr><td>=、+=、-=、*=、/=、%=、**=、
//= <<=、>>=、∧=、&=、|=</td><td>赋值运算符</td></tr>
</table>

2.2.1 算术运算符与算术表达式

1. +运算符与表达式

在 Python 中，+运算符除了用于算术加法以外，还可以用于列表、元组、字符串的连接，但不支持不同类型对象之间的相加或连接。

【例 2-7】 列表、元组、字符串连接。

```
>>> list_1 = ['岂','曰','无','衣']                          #创建列表
>>> list_2 = ['与','子','同','裳']
>>> list_12 = list_1 + list_2                               #列表连接
>>> print(list_12)
['岂','曰','无','衣','与','子','同','裳']
>>> ("满怀期待","依旧温暖") + ("春天已在路上",)              #元组连接
('满怀期待','依旧温暖','春天已在路上')
>>> "没有生而英勇" + " 只是选择无畏"                         #字符串连接
'没有生而英勇 只是选择无畏'
```

2. * 运算符与表达式

在 Python 中，还可以通过 * 运算符实现列表、元组、字符串的序列重复操作。

【例 2-8】 列表、元组、字符串序列重复操作。

```
>>> ['中','国','加','油'] * 3                        #列表序列重复
['中','国','加','油','中','国','加','油','中','国','加','油']
>>> (2019, 2020, 2021) * 3                         #元组序列重复
(2019, 2020, 2021, 2019, 2020, 2021, 2019, 2020, 2021)
>>> "最美白衣天使 " * 3                              #字符串重复
'最美白衣天使 最美白衣天使 最美白衣天使 '
```

3. %、//运算符与表达式

- %运算符:整数或实数求余数运算、字符串格式化。
- //运算符:整数或实数算术求整商。

【例 2-9】 算术求整商、字符串格式化。

```
>>> 28 // 6                        #算术取整,舍弃小数
4
>>> -28 // 6                       #算术向下取整
-5
>>> 28.0 // 6                      #算术取整,实数形式表示
4.0
>>> print('%d, %c' % (66, 66))     #66 格式化输出
66, B
```

2.2.2 赋值运算符与赋值表达式

在 Python 中,算术运算符或位运算符再加上“=”构成复合赋值运算符,共有以下 11 种:+=、-=、*=、/=、%=、**=、<<=、>>=、∧=、&=、|=。

复合赋值运算符的功能是:先计算,再赋值。

例如:x+=5 等价于 x=x+5,x%=y+5 等价于 x=x%(y+5)。

【例 2-10】 赋值 a=100、b=200,计算 a+b 并赋值给 a。

```
>>> a, b = 100, 200
>>> a += b                         #等价于 a = a + b
>>> print(a)
300
```

【例 2-11】 赋值 x=8,再左移 1 位赋值给 x。

```
>>> x = 8
>>> x <<=1                         #等价于 x = x << 1
>>> print(x)
16                                 #8 的二进制 1000 左移 1 位为 10000(16)
```

2.2.3 关系运算符与关系表达式

在 Python 中,关系运算和逻辑运算中经常进行逻辑条件判断。用来表示比较的运算符称为关系运算符,主要有以下 6 种:

<、<=、>、>=、==、!=。

关系运算符的优先级：

- 运算符 < 、<= 、> 和 >=（此四种优先级相同高于）== 和 != （此两种优先级相同）；
- 关系运算符优先级高于赋值运算符和逻辑运算符，但低于算术运算符和位运算符；
- 关系运算符的结合方向是自左至右。

由关系运算符连成的表达式称为关系表达式。关系运算符两边可以是 Python 语言中任意合法的表达式。

关系表达式的结果只能是“假”或“真”。在 Python 中，用非零表示“真”，用零表示“假”。

设 a=5，b=6，c=7，则：

① “a >=5”为“真”，表达式的值为 True。

② “(a < b)==c”为“假”，表达式的值为 False。

③ “'A' > 'C'”为“假”，表达式的值为 False。

④ “x=a==b”，x 变量的值为 False。

⑤ print(5 <=b <=7)，输出值为 True。

⑥ 2018 < 2020 > 2019，表达式的值为 True。

【例 2-12】 列表、元组、集合、字符串比较。

```
>>> list_1 = [2018, 2019, 2020]
>>> list_2 = [2018, 2019, 2021']
>>> list_1 < list_2                                     #列表比较
True
>>> (2018, 2019, 2020) < (2018, 2019, 2021)             #元组比较
True
>>> {2018, 2019, 2020} == {2019,2018, 2020}             #集合相等比较
True
>>> {2018, 2019} < {2018, 2019, 2020}                   #子集测试
True
>>> "red" > "read"                                      #字符串比较
True
```

2.2.4 逻辑运算符与逻辑表达式

Python 语言提供 3 种逻辑运算符：and（逻辑与）、or（逻辑或）、not（逻辑非）。其中，and 和 or 是双目运算符（有两个操作数），not 是单目运算符。

逻辑运算符的优先级：

not > and > or。

逻辑运算符的结合方向是自左至右。

算术运算符、关系运算符和逻辑运算符的优先级：

not >算术运算符>关系运算符 > and > or >赋值运算符。

逻辑表达式由逻辑运算符和运算对象组成，其中运算对象可以是 Python 语言中任意合法的表达式（也可以是一个具体值）。

逻辑表达式的结果只能是 False（假）或 True（真）。

逻辑运算符的运算规则如表 2-2 所列。

表 2-2 逻辑运算符的运算规则

x	y	not x	x and y	x or y
True	True	False	True	True
1	False	False	False	True
False	True	True	False	True
False	False	True	False	False

设 a=10, b=20, c=30,则

① b > a and b < c ,表达式的值为 True。

② not (a < b),表达式的值为 False。

③ a > b or b < c,表达式的值为 True。

④ "20 <= x <= 30"等价"x >= 20 and x <=30",代表 x 的取值范围为 20≤x≤30。

在 Python 中,由 and 或 or 组成的表达式,在某些情况下会产生"短路"现象,举例如下:

① x and y and z,只有当 x 的值为 True 时,才需要进一步判别 y 的值;只有当 x 和 y 都为真时,才需要判别 z 的值。只要 x 为 False,就不必判别 y 和 z,整个表达式的值为 False。

② x or y or z,只有当 x 的值为 False 时,才需要进一步判别 y 的值;只有当 x 和 y 都为 False 时,才需要判别 z 的值。只要 x 为 True,就不必判别 y 和 z,整个表达式的值为 True。

【例 2-13】 and、or 的惰性求值和逻辑短路。

```
>>> 2019 and 2020                    #非 True 或 False
2020
>>> 0 and 2020                       #非 True 或 False
0
>>> 2019 or 2020                     #非 True 或 False
2019
>>> 0 or 2020                        #非 True 或 False
2020
>>> 2020 not in [2018, 2019, 2020]   #逻辑非 not,成员测试
False
>>> 2019 > 2020 and year > 2021      #逻辑短路,没有比较 year > 2021,即使 year 未定义
False
```

2.2.5 集合运算符与集合表达式

Python 中,使用 &、|、-、^运算符实现集合的交集、并集、差集、对称差集运算。

【例 2-14】 集合的交集、并集、差集、对称差集运算。

```
>>> {2018, 2019, 2020, 2021} & {2020, 2021, 2022}
{2020, 2021}
>>> {2018, 2019, 2020, 2021} | {2020, 2021, 2022}
{2018, 2019, 2020, 2021, 2022}
>>> {2018, 2019, 2020, 2021} - {2020, 2021, 2022}
{2018, 2019}
```

```
>>> {2018, 2019, 2020, 2021} ^ {2020, 2021, 2022}
{2018, 2019, 2022}
```

2.2.6 成员测试运算符与成员测试表达式

在 Python 中，使用测试运算符 in 测试对象之间的包含关系。

【例 2-15】 测试运算符的应用。

```
>>> "俄罗斯" in ["巴基斯坦","柬埔寨","俄罗斯"]          #集合对象测试
True
>>> for i in range(1, 11, 1):                          #循环遍历，1 到 10 区间
        print(i,end = " ")
1 2 3 4 5 6 7 8 9 10
>>> for i in range(10):                                #循环遍历，默认 0 到 9 区间
        print(i,end = " ")
0 1 2 3 4 5 6 7 8 9
>>> for i in (1, 3, 5, 7, 9):
        print(i,end = " ")
1 3 5 7 9
>>> "信心" in "坚定信心，众志成城"                     #字符串测试
True
```

2.3 Python 常用内置函数

Python 内置函数非常丰富，功能强大，不需要导入而直接使用，非常方便。下面主要介绍部分函数的功能和使用方法。

2.3.1 类型转换函数

1. int()、float()、complex()、evel()、str()函数

- int()，将实数或数字字符串转换为整数。
- float()，将整数或数字字符串转换为实数。
- complex()，生成复数。
- evel()，将数字字符串转换为数字或计算字符串的值。
- str()，将任意类型转换为字符串。

2. bin()、oct()、hex()函数

- bin()，将整数转换为二进制数。
- oct()，将整数转换为八进制数。
- hex()，将整数转换为十六进制数。

3. ord()、chr()函数

- ord()，返回单个字符的 Unicode 编码。
- chr()，返回 Unicode 编码对应的字符。

4. list( )、tuple( )、dict( )、set( )函数

- list(),将其他类型数据转换为列表。
- tuple(),将其他类型数据转换为元组。
- dict(),将其他类型数据转换为字典。
- set(),将其他类型数据转换为集合。

【例 2-16】 int()、float()、complex()、evel()、str()函数应用。

```
>>> int("2020")                          #数字字符串转换为整数
2020
>>> int(2020.8)                          #实数取整
2020
>>> float(2020)                          #整数转换为实数
2020.0
>>> float("2020.8")                      #数字字符串转换为实数
2020.8
>>> complex(2020)                        #生成复数
(2020+0j)
>>> complex(2020,8)                      #生成复数
(2020+8j)
>>> eval("2020.8")                       #数字字符串转换为数字
2020.8
>>> eval("2020+8")                       #字符串计算
2028
>>> str(2020.8)                          #数字转换为字符串
'2020.8'
>>> str([2019,2020,2021])                #列表转换为字符串
'[2019, 2020, 2021]'
>>> str((2019,2020,2021))                #元组转换为字符串
'(2019, 2020, 2021)'
>>> str({2019,2020,2021})                #集合转换为字符串
'{2019, 2020, 2021}'
```

【例 2-17】 bin()、oct()、hex()函数应用。

```
>>> bin(10)                              #十进制数字转换为二进制
'0b1010'
>>> oct(10)                              #十进制数字转换为八进制
'0o12'
>>> hex(10)                              #十进制数字转换为十六进制
'0xa'
```

【例 2-18】 ord()、chr()函数应用。

```
>>> ord('A')                             #返回字符 A 的 Unicode
65
```

```
>>> chr(97)                              #返回 Unicode 编码 97 对应的字符
'a'
>>> 2020 + ord('A')                      #表达式计算
2085'
```

【例 2-19】 list()、tuple()、dict()、set()函数应用。

```
>>> list(range(2018,2021))               #创建列表
[2018, 2019, 2020]
>>> tuple(range(2018,2021))              #创建元组
(2018, 2019, 2020)
>>> set(range(2018,2021))                #创建集合
{2018, 2019, 2020}
>>> set("1232345")                       #创建可变集合,删除重复
{'3', '2', '5', '1', '4'}
>>> dict(zip("ABCD","1234"))             #创建字典
{'A': '1', 'B': '2', 'C': '3', 'D': '4'}
```

2.3.2 基本输入/输出函数

输入/输出是编程脚本交互式的主要操作，Python 内置函数 input()和 print()实现基本的输入/输出功能。

- input()，接收用户的键盘输入。
- print()，将数据信息以指定的格式输出到标准控制台或文件。

1. 基本输入函数

内置函数 input()是 Python 提供的基本输入函数，语法格式为：

```
input( [提示信息] )
```

作用：其操作是从标准输入设备(键盘)上读入数据，并存储到变量中。

说明：键盘接收的数据信息均按字符串处理，可以使用内置函数 int()、float()或 eval()进行接收数据类型转换。

2. 基本输出函数

内置函数 print()是 Python 提供的基本格式输出函数，语法格式为：

```
( print( <输出列表>,[ sep = ' <分隔符> '], [end = '\n'] )
( print( ' <格式控制符> ' % ( <输出列表> ), [end = '\n'] )
```

作用：其操作是按照格式控制的要求，把输出列表上的数据转换成字符串，并送入标准输出设备(显示器)上输出。

说明：参数 sep 设置输出数据之间的分隔符；当通过循环遍历输出多个数据时，通过参数 end 控制数据是否换行输出：缺省或 end='\n' 表示换行输出，end='' 表示不换行输出。

表 2-3 列出了常用的 print()函数格式控制符。

表 2-3 常用 print()函数格式控制符

格式符	使用形式	说明
d	%d	按整型的实际长度输出
	%md	按指定宽度 m 输出整型数。若小于 m,则左端补空格,若大于 m,按实际位数输出
o	%o	用于输出无符号八进制整数。对此格式符也可指定宽度 m 和长整形 l,规定同上
x	%x	用于输出无符号十六进制整数。规定同 o 格式符
c	%c	以字符形式输出一个字符。0~255 之间的整数均可用字符形式输出
	%mc	按指定宽度 m 输出字符
s	%s	按字符串的实际长度输出
	%ms	按指定宽度 m 输出字符串。若数据长度小于 m,则左端补空格;若大于 m,则按实际位数输出
f	%f	对单精度数而言:整数部分全部输出,小数部分输出 6 位,但数值的前 7 位有效。对双精度数而言:整数部分全部输出,小数部分输出 6 位,但数值的前 16 位有效
	%m.nf	指定输出数据共占 m 列,其中小数占 n 列(小数点占一位,不包括在 n 列内),若数据长度小于 m,则左端补空格

【例 2-20】 内置函数 input()、print()应用。

```
>>> year = input("请输入年份:")                        #键盘输入 2020 赋值给变量 year
请输入年份:2020
>>> year
'2020'                                                #input()键盘接收数据,按字符串处理
>>> year1,year2,year3 = 2018,2019,2020
>>> print(year1,year2,year3)                          #按默认分隔符(空格)输出
2018 2019 2020
>>> print(year1,year2,year3,sep = ",")                #输出数据按“,”分割
2018,2019,2020
>>> print("%d,%d,%d" % (year1,year2,year3))           #数据按格式控制符%d输出
2018,2019,2020
>>> print("%6d%6d%6d" % (year1,year2,year3))          #数据按指定宽度(6)的格式输出
  2018  2019  2020
>>> print("%c,%d,%c" % (65,65,97))                    #通过%c格式化输出 65、97 对应的字符
A,65,a
>>> for year in range(2018,2024,2):                   #循环遍历,不换行输出(end = " ")
        print(year,end = " ")
2018 2020 2022
>>> print("%f%8.2f" % (2020,123.456))                 #实数输出
2020.000000   123.46                                  #按%8.2f,保留 2 位小数 8 位宽度输出
```

2.3.3 最值与求和函数

Python 内置函数 max()、min()、sum()实现列表、元组等对象元素的最大值、最小值、累加和等比较计算。

【例 2-21】 内置函数 max()、min()、sum()应用。

```
>>> max([2018,2019,2020])                          #返回集合元素最大值
2020
>>> min((2018,2019,2020))                          #返回元组元素最小值
2018
>>> sum({2018,2019,2020})                          #返回集合元素之和
6057
>>> max(range(2018,2021))                          #返回指定范围数字最大值
2020
>>> max(["加油","中国加油"],key=len)                #返回最长字符串
'中国加油'
>>> max([[60,70,90],[60,75,95]],key=sum)           #返回元素之和最大的子列表
[60, 75, 95]
>>> max([[60,70,90],[60,75,95]],key=max)           #返回最大元素最大的子列表
[60, 75, 95]
>>> max([[60,70,90],[60,75,95]],key=lambda x:x[2])
[60, 75, 95]                                       #返回第3个元素最大的子列表
```

2.3.4 排序与逆序函数

Python 内置函数 sorted()对列表、元组、字典、集合等对象元素进行排序,返回新列表。

【例 2-22】 内置函数 sorted()对列表、元组、集合元素排序应用。

```
>>> list_1=[70,50,80,65,90,75]
>>> list_2=sorted(list_1)                          #列表,默认升序排
>>> print(list_2)
[50, 65, 70, 75, 80, 90]
>>> sorted((70,50,80,65,90,75))                    #元组,默认升序排
[50, 65, 70, 75, 80, 90]
>>> sorted({70,50,80,65,90,75})                    #集合,默认升序排
[50, 65, 70, 75, 80, 90]
>>> sorted([70,50,80,65,90,75],reverse=True)       #逆序排(从大到小)
[90, 80, 75, 70, 65, 50]
```

【例 2-23】 内置函数 sorted()对字典元素排序应用。

```
>>> dic_1={'x3':70,'x4':50,'x1':80,'x2':75}        #创建字典
>>> sorted(dic_1)                                  #默认按 key 升序排
['x1', 'x2', 'x3', 'x4']
>>> sorted(dic_1,reverse=True)                     #按 key 降序排
['x4', 'x3', 'x2', 'x1']
>>> sorted(dic_1.keys(),reverse=True)              #按 key 降序排
['x4', 'x3', 'x2', 'x1']
>>> sorted(dic_1.values(),reverse=True)            #按 values 降序排
[80, 75, 70, 50]
>>> dic_1={'x1':70,'x2':50,'x3':80,'x4':75}
>>> sorted(dic_1.items(),key=lambda x:x[1],reverse=True)
[('x3', 80), ('x4', 75), ('x1', 70), ('x2', 50)]   #依据 key,按 values 降序排
```

2.3.5 其他重要函数

在 Python 应用中，内置函数的作用不言而喻。除前面介绍的内置函数外，下面再通过实例对 map()、reduce()、filter()、zip()等常用内置函数的使用做简单介绍。

- range()，创建一个整数列表，一般用在 for 循环中。
- map()，把一个函数依次映射到序列的每个元素上，并返回一个可迭代的对象。map()函数不对原序列做任何改变。
- filter()，过滤序列，过滤掉不符合条件的元素，返回由符合条件元素组成的新列表。即将一个单参数函数作用到一个序列上，返回使该函数返回值为 True 的元素组成的序列对象。如果函数为 None，则返回所有本身可以判断为 True 的元素。
- zip()，用来把多个可迭代对象中对应位置上的元素压缩到一起，返回一个(由最短迭代序列决定)可迭代的 zip 对象，其中元素为对应位置上元素的元组。

1. range()函数

Python 内置函数 range()的三种语法格式：

```
① range( start, stop, step )
② range( start, stop )
③ range( stop )
```

说明：start，计数从 start 开始，默认值为 0；stop，计数到 stop 结束，但不包括 stop；step 是步长增量，默认值为 1。

【例 2-24】 内置函数 range()应用。

```
>>> range(10)                          # start 默认为 0,step 默认为 1
range(0, 10)
>>> list(range(10))                    # 创建列表
[0, 1, 2, 3, 4, 5, 6, 7, 8, 9]
>>> list(range(0,10))                  # 创建列表,step 默认为 1
[0, 1, 2, 3, 4, 5, 6, 7, 8, 9]
>>> list(range(0,10,1))                # 创建列表
[0, 1, 2, 3, 4, 5, 6, 7, 8, 9]
>>> list(range(2,10))                  # 创建列表,start 为 2,
[2, 3, 4, 5, 6, 7, 8, 9]
>>> list(range(10,0,-1))               # 创建列表,step 为 -1
[10, 9, 8, 7, 6, 5, 4, 3, 2, 1]
>>> for i in range(10):                # 循环 10 次,输出 0~9 数字
        print(i,end = " ")
0 1 2 3 4 5 6 7 8 9
```

2. map()、filter()、zip()函数

Python 内置函数 range()的三种语法格式：

```
① map(function, iterable,…)
② filter(function or None, iterable)
③ zip(iterable,…)
```

说明:function,函数;iterable,迭代对象序列。

【例 2-25】 计算列表中各个元素的平方(两种方法)。

```
>>> def fun(x):                                     #计算平方函数
        return x**2                                 #返回函数值
>>> list(map(fun,[1,2,3,4,5]))                      #计算列表各个元素的平方
[1, 4, 9, 16, 25]
>>> list(map(lambda x:x**2,[1,2,3,4,5]))            #使用匿名函数 lambda 计算平方
[1, 4, 9, 16, 25]
```

【例 2-26】 两个列表对应元素相加。

```
>>> list(map(lambda x,y:x+y,[10,20,30,40,50],[20,30,40,50,60]))
[30,50,70,90, 110]
```

【例 2-27】 过滤出列表中的所有偶数。

```
>>> def fun(x):                                               #判断偶数函数
        return x % 2 == 0
>>> list_new=list(filter(fun,[1,2,3,4,5,6,7,8,9,10]))         #过滤出偶数列表
>>> print(list_new)
[2, 4, 6, 8, 10]
```

【例 2-28】 内置函数 zip()应用。

```
>>> list_1,list_2=[10,20,30],[40,50,60]                       #创建列表 list_1、list_2
>>> list(zip(list_1,list_2))                                  #压缩两个列表
[(10, 40), (20, 50), (30, 60)]
>>> list_1,list_2=["梦桐","端端","娇娇"],[100,98,99,95]       #列表长度不同
>>> list_new= list(zip(list_1,list_2))
>>> print(list_new)                                           #列表格式输出
[('梦桐', 100), ('端端', 98), ('娇娇', 99)]
>>> print(dict(zip(list_1,list_2)))                           #字典格式输出
{'梦桐': 100, '端端': 98, '娇娇': 99}
```

2.4 Python 正则表达式

正则表达式(Regular Expression),又称规则表达式,使用预定义的文本模式去匹配一系列具有共同特征的字符串,能够快速、准确地实现检索、替换等处理。

2.4.1 正则表达式优势

在复杂的查找、替换等处理方面,相对字符串提供的操作方法,正则表达式具有更强大的功能处理优势。通过正则表达式,可以实现:

- 测试字符串内的模式,完成数据验证。在字符串内或文档内测试电话号码、信用卡号码、身份证号码、邮箱地址等。
- 替换文本,识别字符串或文档中的特定文本,进行替换或删除。

● 基于模式匹配,查找字符串内或文档内特定的文本(查找子字符串)。

正则表达式的匹配搜索原理与磁盘文件查找、结构化查询语言 SQL 中提供的通配符进行模糊查找类似,特别是对于动态文本的搜索,正则表达式显得功能更强、更灵活。

正则表达式主要应用在文本编辑与处理、网页爬虫之类的场景中。

2.4.2 正则表达式语法

正则表达式由元字符及其不同组合构成,描述一种字符串匹配的模式,实现字符串的搜索、替换等功能操作。

正则表达式的组件可以为单个字符、字符集、字符范围、字符间的选择或者它们之间的任意组合。

正则表达式作为一个模式描述模板,在搜索文本时要匹配一个或多个字符串。

在正则表达式中,若以"\"开头的元字符与转义字符相同,则使用原始字符串 r(R)或者使用"\\"。

2.4.3 正则表达式元字符

元字符及其不同组合构成了正则表达式,表 2-4 包含了元字符的部分列表,完整列表参见附录 E。

表 2-4 常用元字符

序 号	元字符	功能描述
1	.	匹配除换行符以外的任意单个字符
2	*	匹配位于*之前的字符或子模式的 0 次或多次出现
3	+	匹配位于+之前的字符或子模式的 1 次或多次出现
4	-	在[]之内用来表示范围
5	|	匹配位于|之前或之后的字符
6	^	匹配行首,匹配以^后面的字符开头的字符串
7	$	匹配行尾,匹配以$之前的字符结束的字符串
8	?	匹配位于?之前的 0 个或 1 个字符。当此字符紧随任何其他限定符(*、+、?、{n}、{n,}、{n,m})之后时,匹配模式是"非贪心的"。"非贪心的"模式匹配搜索到的、尽可能短的字符串,而默认的"贪心的"模式匹配搜索到的、尽可能长的字符串。例如,在字符串"oooo"中,"o+?"只匹配单个"o",而"o+"匹配所有"o"
9	\	表示位于\之后的为转义字符
10	\num	此处的 num 是一个正整数,表示子模式编号。 例如,"(.)\1"匹配两个连续的相同字符

部分常用正则表达式如表 2-5 所列。

表 2－5　常用正则表达式

<table>
<tr><th>类型</th><th>正则表达式</th><th>功能描述</th></tr>
<tr><td rowspan="6">校验数字</td><td>^[0－9]＊$.</td><td>数字</td></tr>
<tr><td>^\d{n}$</td><td>n 位的数字</td></tr>
<tr><td>^\d{n,}$</td><td>至少 n 位的数字</td></tr>
<tr><td>^\d{m,n}$</td><td>m—n 位的数字</td></tr>
<tr><td>^(0|[1－9][0－9]＊)$</td><td>零和非零开头的数字</td></tr>
<tr><td>^([1－9][0－9]＊)+(.[0－9]{1,2})? $</td><td>非零开头的最多带两位小数的数字</td></tr>
<tr><td rowspan="8">校验字符</td><td>^[\u4e00－\u9fa5]{0,}$</td><td>汉字</td></tr>
<tr><td>^[A－Za－z0－9]+$</td><td>英文和数字</td></tr>
<tr><td>^.{3,20}$</td><td>长度为 3～20 的所有字符</td></tr>
<tr><td>^[A－Za－z]+$</td><td>由 26 个英文字母组成的字符串</td></tr>
<tr><td>^[A－Z]+$</td><td>由 26 个大写英文字母组成的字符串</td></tr>
<tr><td>^[a－z]+$</td><td>由 26 个小写英文字母组成的字符串</td></tr>
<tr><td>^\w+$ 或 ^\w{3,20}$</td><td>由数字、26 个英文字母或下画线组成的字符串</td></tr>
<tr><td>^[\u4E00－\u9FA5A－Za－z0－9_]+$</td><td>由数字、英文字母、下画线组成的字符串</td></tr>
<tr><td rowspan="5">特殊需求</td><td>^\w+([-+.]\w+)＊@\w+([-.]\w+)＊\.
\w+([-.]\w+)＊$</td><td>Email 地址</td></tr>
<tr><td>[a－zA－Z0－9][－a－zA－Z0－9]{0,62}
(\.[a－zA－Z0－9][－a－zA－Z0－9]{0,62})+\.?</td><td>域名</td></tr>
<tr><td>[a－zA－Z]+://[^\S]＊或^http://([\w－]+\.)+
[\w－]+(/[\w－./?%&=]＊)? $</td><td>InternetURL</td></tr>
<tr><td>^13[0－9]|14[5|7]|15[0|1|2|3|4|5|6|7|8|9]|
18[0|1|2|3|4|5|6…</td><td>手机号码</td></tr>
<tr><td>(^\d{15}$|(^\d{18}$|(^\d{17}(\d|X|x)$)</td><td>身份证(15 位、18 位)</td></tr>
</table>

2.4.4　正则表达式运算符优先级

正则表达式从左到右进行计算，并遵循优先级顺序，如表 2－6 所列。

表 2－6　正则表达式运算符优先级

<table>
<tr><th>索引类型</th><th colspan="2">索引项</th><th>功能描述</th></tr>
<tr><td rowspan="5">运算符
按优先级由
高到低排序</td><td rowspan="5">自左至右</td><td>\</td><td>转义符</td></tr>
<tr><td>( )，(?:)，(?=)，[ ]</td><td>圆括号和方括号</td></tr>
<tr><td>＊，+，?，{n}，{n,}，{n,m}</td><td>限定符</td></tr>
<tr><td>^，$，\任何元字符、任何字符</td><td>定位点和序列(位置和顺序)</td></tr>
<tr><td>|</td><td>替换，或(高于替换)</td></tr>
</table>

2.4.5 正则表达式示例

【例 2-29】 从字符串中查找数字或单词。

```
>>> import re                                          #导入 re 模块
>>> re.findall("[a-z]+","2019china2020")               #查找符合特定模式的字符串
['china']
>>> re.findall("[0-9]+","2020china2020")               #查找符合特定模式的数字
['2019', '2020']
```

【例 2-30】 从通讯录中查找电话号码。

```
import re
address="梦桐 电话:024-86120000,端端 电话:0451-53720000"
phones=re.findall(r'(\d{3,4})-(\d{8})',address)
for phone in phones:
    print(phone[0],phone[1],sep="-")
```

执行结果：

```
024-86120000
0451-53720000
```

本章小结

Python 的内置对象、变量、常量、内置函数、运算符、表达式支撑着 Python 程序设计最基本的数据存储和计算处理。Python 丰富的运算符、表达式和内置函数使程序的编写变得灵活、简单而高效。Python 变量类型随所赋值类型而变化，不同的类型决定了系统应为数据分配多大的存储空间和对数据所能进行的操作。部分类型数据允许进行类型转换。

列表、元组、字典和集合等序列结构是 Python 区别于其他编程语言的特殊数据结构，便于大量不同类型数据的存储和操作处理。

正则表达式，使用预定义的文本模式去匹配一系列具有共同特征的字符串，能够快速、准确地实现检索、替换等处理要求。正则表达式主要应用在文本编辑与处理、网页爬虫之类的场景中。

习题 2

1. 判断题

(1) Python 变量被赋值后，不允许再赋值其他类型数据。(　　)

(2) a=b=c=2020，a、b、c 指向相同的内存地址。(　　)

(3) lst={10,20,30}，lst * 2 的结果是{10,20,30,10,20,30}。(　　)

(4) a/=b+c 与 a=a/b+c 等价。(　　)

(5) range(10)与 range(0,10,1)等价。(　　)

2. 填空题

(1) print(10,20,30,sep=",")的输出结果是________。

(2) 判断"梦桐"是否在学生列表中,使用________运算符。

(3) 计算序列长度(元素个数),使用________函数可以实现。

(4) 逆序列表顺序,使用________函数。

(5) 举例说明 zip 函数功能________。

(6) 通过 year=input()函数,键盘输入数字 2020,变量 year 的值是________。

(7) 关系表达式的值是________;逻辑表达式的值是________。

(8) 变量 x 既能被 4 整除,又能被 7 整除的表达式是________。

(9) 表达式 a/=a+的等价表达式是________。

(10) 正则表达式中,以"\"开头的元字符与转义字符相同,则使用________或者"\\"。

第 3 章

Python 序列结构

学习导读

主要内容

序列是 Python 中最基本的数据结构，是一块用于存放多个值的连续内存空间，且具有顺序关系。Python 内置了五个常用的序列结构：列表、元组、字典、集合和字符串。Python 语言提供序列结构，便于数据存储和数据操作处理。本章在对序列做简单概述的基础上，主要介绍列表、元组、字典、集合等序列的通用操作方法。

学习目标

- 掌握列表、元组、字典、集合序列结构的特点；
- 掌握列表、元组、字典、集合的通用操作方法；
- 理解列表推导式、生成器表达式的工作原理；
- 掌握切片操作。

重点与难点

重点：序列结构的操作方法。

难点：序列结构的实际应用。

3.1 Python 序列概述

Python 的列表(list)、元组(tuple)、字典(dict)、集合(set)是区别于其他编程语言的四种特殊序列结构，是 Python 内置的容器对象，由多个元素组成。四种特殊序列结构用于存储大量不同类型数据，弥补了字符串结构和操作的不足。

数据结构，是指计算机中数据存储的方式。

序列，用于保存一组有序的数据，所有的数据在序列当中都有一个唯一的位置(索引)，并且序列中的数据会按照添加的顺序来分配索引。

序列的分类：

- 可变序列(序列中的元素可以改变)
  - ◇ 列表(list)；
  - ◇ 字典(dict)；
  - ◇ 集合(set)。
- 不可变序列(序列中的元素不能改变)
  - ◇ 元组(tuple)；

◇ 字符串(str)。

序列的典型特征：

① 序列使用索引方式来获取序列中的元素。

② 序列中的每一个元素都有唯一的编号(位置或索引)，其中第一个元素的索引为 0，第二个元素的索引为 1，依次类推。

③ 序列的访问也可以从最后一个元素开始，它的序号是－1，倒数第二个是－2，依次类推。

序列元素索引(位置)如图 3-1 所示。

正数索引	0	1	2	3	4	5
	< 元素 a >	< 元素 b >	< 元素 c >	< 元素 d >	< 元素 e >	< 元素 f >
倒数索引	－6	－5	－4	－3	－2	－1

图 3-1　序列元素索引

序列的操作方法主要包括：索引、切片(可以访问一定范围内的元素，获取一个全新的序列)、相加、相乘和成员资格检查等。另外还可以通过 Python 提供的内置函数等对序列进行操作。

在 Python 语言中，列表、元组、字典和集合的主要区别如表 3-1 所列。

表 3-1　列表、元组、字典和集合的主要区别

序列结构	是否可变	是否重复	是否有序	定义符号
列表	是	是	是	[ ]
元组	否	是	是	( )
字典	是	是	否	{key:value}
集合	是	否	否	{ }

3.2　Python 列表

Python 列表是包含若干个元素的可变有序连续内存空间，为程序提供了灵活的数据存储和处理能力。Python 列表和歌曲列表类似，也是由一系列特定顺序排列的元素所组成的。

Python 列表的表现形式：

```
[ 元素 1,元素 2,…,元素 n ]
```

说明：同一列表中，元素类型可以不同，可以是整数、实数、字符串、列表、元组、字典、集合等对象。不含任何元素的[ ]表示空列表。

3.2.1　列表创建与删除

Python 为列表的创建提供 6 种方法：

- 使用赋值运算符＝直接创建列表对象。
- 使用内置函数 list()将迭代对象转换为列表。

- 使用＋运算符连接两个列表,创建新的列表。
- 使用 * 运算符进行列表重复,创建新的列表。
- 使用 copy()方法复制已有列表,创建新的列表。
- 使用 range()函数创建一个整数列表,一般用在 for 循环中。

在 Python 中,通过 del 命令删除列表。

【例 3-1】 创建和删除 Python 列表。

```
>>> list_1 = [100, 99, 98, 97]                        # 创建列表,元素为整数
>>> list_2 = ["众志成城", "团结一心", "中国加油"]       # 列表元素为字符串
>>> list_3 = [11, "梦桐", "物流 1901", [100, 90]]       # 列表元素为不同类型
>>> list_4 = [ ]                                      # 创建空列表
>>> list_5 = list()                                   # 创建空列表
>>> list_5
[ ]
>>> list(range(1,10,2))                               # 将 range 对象转换为列表
[1, 3, 5, 7, 9]
>>> lst_6 = [x * 2 for x in range(5)]                 # 创建 range 迭代列表
>>> print(list_6)
[0, 2, 4, 6, 8]
>>> print(list_3)                                     # 输出列表
[11, '梦桐', '物流 1901', [100, 90]]
>>> list_7 = list_3.copy()                            # 复制 list_3,生成 list_7
>>> list_7
[11, '梦桐', '物流 1901', [100, 90]]
>>> del list_1                                        # 删除列表
>>> list_1                                            # 列表未定义,无法访问
NameError: name 'list_1' is not defined
```

思考:如何进行列表部分元素复制,生成新的列表?

【例 3-2】 列表连接＋和列表重复 * 操作。

```
>>> list_new = ["若有战,召必至!"]
>>> list_new = list_new + ["不计报酬,无论生死!"]          # 列表连接
>>> list_new
['若有战,召必至! ', '不计报酬,无论生死! ']
>>> list_new = list('中国加油')                         # 把字符串转换为列表
>>> list_new
['中', '国', '加', '油']
>>> print(list_new * 2)                                # 列表重复
['中', '国', '加', '油', '中', '国', '加', '油']
```

3.2.2 列表基本操作

Python 列表基本操作包括:元素的增加、查找、修改、删除和合并等操作,为了完成上述基本操作,列表索引访问至关重要。

列表基本操作方法如表 3－2 所列。

表 3－2　列表基本操作方法

方　法	示　例	功能说明
append	listy.append(x)	将元素 x 添加至列表 listy 尾部
clear	listy.clear()	删除列表 listy 中所有元素，但保留列表对象
copy	listy.copy()	复制列表 listy 生成另外一个列表
count	listy.count(x)	统计返回指定元素 x 在列表 listy 中的出现次数
extend	listy.extend(listx)	将列表 listx 中所有元素添加至列表 listy 尾部(列表合并)
index	listy.index(x)	返回列表 listy 中第一个值为 x 的元素的下标
insert	listy.insert(index,x)	在列表 listy 指定位置 index 处添加元素 x
pop	listy.pop([index])	删除并返回列表 listy 中下标为 index(默认为－1)的元素
remove	listy.remove(x)	在列表 listy 中删除首次出现的指定元素 x
reverse	listy.reverse()	对列表 listy 中所有元素进行逆序(反转元素顺序)
sorted	listy.sorted(key=None, reverse=False)	对列表 listy 中的元素进行排序，key 为排序依据，reverse 决定升序(False)还是降序(True)

1. 添加列表元素

Python 为列表元素的添加提供 3 种方法：

- append()方法，只能在列表尾部添加元素。
- insert()方法，在列表任意指定位置添加元素。
- extend()方法，将一个列表元素添加到另一个列表的尾部。

【例 3－3】 访问列表中的元素对象。

```
>>> list_phone = ['华为','小米','苹果']          # 创建列表
>>> list_phone[1]                                # 第二个元素对象
'小米'
>>> list_phone[-2]                               # 倒数第二个元素对象
'小米'
```

【例 3－4】 向列表中添加元素。

```
>>> list_phone = ['华为','小米','苹果']          # 创建列表
>>> print(len(list_phone))                       # 计算列表的长度(元素个数)
3
>>> list_phone.append('三星')                    # 向列表尾部追加元素对象
>>> print(list_phone)
['华为', '小米', '苹果', '三星']
>>> list_phone.insert(2,'OPPO')                  # 在指定位置插入一元素对象
>>> list_phone
['华为', '小米', 'OPPO', '苹果', '三星']
>>> list_phone.extend(['vivo','魅族'])           # 在尾部追加 2 个元素对象
>>> list_phone
['华为', '小米', 'OPPO', '苹果', '三星', 'vivo', '魅族']
```

思考：如何将一个列表中的部分元素添加到另一个列表中？

2. 修改列表元素

修改列表中的元素，只需通过索引获取该元素，然后再为其赋值(可以不同类型)即可。

【例 3-5】 将“苹果”手机修改为“荣耀”。

```
>>> list_phone = ['华为','小米','苹果']                    #创建列表
>>> list_phone[2] = '荣耀'                                 #第二个元素对象
>>> list_phone                                             #倒数第二个元素对象
['华为','小米','荣耀']
```

3. 删除列表元素

Python 为删除列表元素提供 4 种方法：

- clear()方法，清除列表中的所有元素，列表变成空列表。
- pop()方法，删除并返回列表中指定的元素。
- remove()方法，根据元素值(不确定被删除元素的位置)删除元素。
- del 函数，删除列表或根据索引删除指定的元素。

【例 3-6】 删除列表中的指定元素和所有元素。

```
>>> list_phone = ['华为','小米','荣耀','OPPO','魅族','苹果','魅族']
>>> del list_phone[3]                             #按索引删除第 4 个元素对象
>>> list_phone
['华为','小米','荣耀','魅族','苹果','魅族']
>>> list_phone.remove('魅族')                      #按值删除第一“魅族”元素
>>> list_phone
['华为','小米','荣耀','苹果','魅族']
>>> list_phone.pop()                               #弹出删除的尾部元素
'魅族'
>>> list_phone
['华为','小米','荣耀','苹果']
>>> list_phone.pop(2)                              #弹出删除的第 3 个元素
'荣耀'
>>> list_phone
['华为','小米','苹果']
>>> len(list_phone)                                #列表长度为 3(元素数)
3
>>> list_phone.clear()                             #删除列表中的所有元素
>>> list_phone                                     #空列表
[]
>>> len(list_phone)                                #列表元素数为 0
0
```

4. 查找列表元素

Python 为列表元素的查找提供 4 种方法：

- index()方法，返回列表中第一个值为查找元素的下标。

- in 成员运算符，判断元素是否存在于列表中。
- 元素下标(索引)，根据元素在列表中的位置读取对应元素。
- 切片，截取列表中的任何部分并返回一个新列表。
  - ◇ 切片表示形式：列表名[start ：end ：step]。
  - ◇ start：开始位置(默认 0)，end：结束位置(不包含，默认列表长度)；step：步长(默认 1，可同时省略：step)，步长为负整数(反向切片)。

【例 3-7】 查找列表中的指定元素(通过 index()、in、索引)。

```
>>> list_phone=['华为','小米','荣耀','OPPO','魅族','苹果','魅族']
>>> list_phone.index('魅族')                          #查找元素对象
4
>>> list_phone.index('魅族',5)
6
>>> list_phone.index('魅族',1,4)
ValueError: '魅族' is not in list
>>> '小米' in list_phone
True
>>> list_phone[2]
'荣耀'
```

【例 3-8】 获取列表中的全部或部分元素(通过切片)。

```
>>> list_phone=['华为','小米','荣耀','OPPO','魅族','苹果','魅族']
>>> list_phone[::]                                  #全部元素，等价 0:7:1
['华为','小米','荣耀','OPPO','魅族','苹果','魅族']
>>> list_phone[0:7:1]                               #全部元素
['华为','小米','荣耀','OPPO','魅族','苹果','魅族']
>>> list_phone[:7:1]                                #全部元素，等价 0:7:1
['华为','小米','荣耀','OPPO','魅族','苹果','魅族']
>>> list_phone[:7]                                  #全部元素，等价 0:7:1
['华为','小米','荣耀','OPPO','魅族','苹果','魅族']
>>> list_phone[1:7:2]                               #从第 2 个元素开始，步长为 2
['小米','OPPO','苹果']
>>> list_phone[2::1]                                #从第 2 个元素开始，等价 2:7:1
['荣耀','OPPO','魅族','苹果','魅族']
>>> list_phone[::2]                                 #部分元素，等价 0:7:2
['华为','荣耀','魅族','魅族']
>>> list_phone[1:7]                                 #部分元素，等价 1:7:1
['小米','荣耀','OPPO','魅族','苹果','魅族']
>>> list_phone[::-1]                                #反向切片，等价 -1:-7:-1
['魅族','苹果','魅族','OPPO','荣耀','小米','华为']
>>> list_phone[-2:-7:-2]                            #反向切片，步长为 -2
['苹果','OPPO','小米']
```

5. 列表元素统计

Python 为列表元素的统计提供 2 种方法：

- count()方法，统计指定元素在列表中出现的次数。
- sum 函数，统计数值列表中各元素的和。
  - ◇ sum 函数语法格式：sum(iterable [，start])。
  - ◇ start：统计结果从哪个数开始(默认 0)；
    iterable：要统计的列表。

【例 3 - 9】 统计手机列表中“魅族”手机出现的次数。

```
>>> list_phone=['华为','小米','荣耀','OPPO','魅族','苹果','魅族']
>>> num=list_phone.count('魅族')                          #统计“魅族”出现的次数
>>> print(num)
2
```

【例 3 - 10】 创建 10 名学生 Python 成绩列表，计算平均成绩。

```
>>> list_grade=[95,79,90,99,100,88,95,82,68,91]
>>> total=sum(list_grade)                                 #计算总成绩
>>> print("平均成绩:",total/10)                            #输出平均成绩
平均成绩: 88.7
```

思考：如何统计所有学生人数？如何计算 90 分以上学生的平均成绩和人数？

6. 列表排序

Python 提供 sorted()函数实现列表元素排序：

```
sorted(iterable , Key=None,reverse=False)
```

说明：

iterable：要排序的列表；Key：排序依据；reverse：False(默认升序)，True(默认降序)。

【例 3 - 11】 排序 10 名学生 Python 成绩列表。

```
>>> list_grade=[95,79,90,99,100,88,95,82,68,91]
>>> sorted(list_grade)
[68, 79, 82, 88, 90, 91, 95, 95, 99, 100]
>>> sorted(list_grade,reverse=False)
[68, 79, 82, 88, 90, 91, 95, 95, 99, 100]
>>> sorted(list_grade,reverse=True)
[100, 99, 95, 95, 91, 90, 88, 82, 79, 68]
```

3.3 Python 元组

Python 元组类似列表，但元组是不可变序列，功能不如列表强大(列表是可变序列)。元组主要用于保存不可修改的内容。

Python 元组的表现形式：

```
( 元素 1,元素 2,…,元素 n )
```

说明：同一元组中，元素类型可以不同，可以是整数、实数、字符串、列表、元组、字典、集合

等对象。不含任何元素的( )表示空元组。

3.3.1 元组创建与删除

Python 为元组的创建提供 4 种方法：

- 使用赋值运算符=直接创建元组对象。
- 使用内置函数 tuple()将迭代对象转换为元组。
- 使用+运算符连接两个元组，创建新的元组。
- 使用 * 运算符进行元组重复，创建新的元组。

在 Python 中，通过 del 命令删除元组。

【例 3-12】 创建和删除 Python 元组。

```
>>> tup_1 = (100, 99, 98, 97)                          #创建元组,元素为整数
>>> tup_2 = ("众志成城", "团结一心", "中国加油")          #元组元素为字符串
>>> tup_3 = [11, "梦桐", "物流 1901", [100, 90]]         #元组元素为不同类型
>>> tup_4 = "5G", "北斗", "区块链", "人工智能"            #创建元组,省略( )
>>> tup_5 = ("人脸识别", )                              #创建一个元素的元组
>>> tup_6 = ( )                                        #创建空元组
>>> tup_7 = tuple()                                    #创建空元组
>>> tup_5
('人脸识别',)
>>> len(tup_5)
1
>>> tuple(range(10,20,2))                              #将 range 对象转换为元组
(10,12,14,16,18)
>>> print(tup_4)                                       #输出元组
('5G', '北斗', '区块链', '人工智能')
>>> del tup_1                                          #删除元组
>>> tup_1                                              #元组未定义,无法访问
NameError: name 'tup_1' is not defined
```

思考:元组不支持 copy()函数进行元组复制，如何创建相同的新元组？

【例 3-13】 元组连接+和元组重复 * 操作。

```
>>> tup_new = ("白衣天使","大爱无疆") + ("中国医生",)
>>> print(tup_new)                                     #输出连接后的元组
('白衣天使', '大爱无疆', '中国医生')
>>> tup_new = ('中国赢',) * 3                           #元组重复
>>> tup_new
('中国赢', '中国赢', '中国赢')
```

3.3.2 元组基本操作

Python 元组属于不可变序列，不可以直接修改或删除元组中的元素，也无法添加元素到元组。元组不支持列表中的 append()、extend()、insert()、remove()、pop()等方法，通过切片操作也只能访问元组中的元素，无法完成元素的追加、修改和删除。

【例 3-14】 创建编程语言元组,统计语言数量、查找访问输出相应的编程语言。

```
>>> tup_new = ("Python","Java","C++","PHP")
>>> print(tup_new)
('Python', 'Java', 'C++', 'PHP')
>>> len(tup_new)                    # 统计编程语言数量
4
>>> 'Python' in tup_new             # 查找 Python 语言
True
>>> print(tup_new[0])               # 输出元组中的第 1 种编程语言
Python
>>> print(tup_new[1:3:1])           # 输出元组中第 2、3 种编程语言
('Java', 'C++')
```

3.4 Python 字典

Python 字典类似于列表,也是可变序列,但它是无序的,元素以"键:值"对的形式存放。字典有其独特的应用场景和使用方法。

Python 字典的表现形式:

```
{ <key1>:<value1>,<key2>:<value2>,…,<keyn>:<valuen>}
```

说明:<key>,键可以是整数、实数、字符串、元组等,唯一不可变;<value>,值可以是任何数据类型,可重复。无任何元素的{ }表示空字典。

3.4.1 字典创建与删除

Python 为字典的创建提供 3 种方法:

- 使用赋值运算符=直接创建字典对象。
- 使用内置函数 dict()、zip()将迭代对象映射转换为字典。
- 使用 copy()方法复制已有字典,创建新的字典。

在 Python 中,通过 del 命令删除字典。

【例 3-15】 创建和删除 Python 字典。

```
>>> dict_1 = {"梦桐":95,"端端":100,"欣欣":97}          # 创建字典
>>> print(dict_1)
{'梦桐': 95, '端端': 100, '欣欣': 97}
>>> list_name = ["娇娇", "露露", "梓萌"]               # 创建姓名列表
>>> list_grade = [96,90,95]                            # 创建成绩列表
>>> dict_2 = dict(zip(list_name,list_grade))           # 通过映射将列表转换为字典
>>> dict_2
{'娇娇': 96, '璐璐': 90, '梓萌': 95}
>>> dict_3 = { }                                       # 创建空字典
>>> dict_4 = dict()                                    # 创建空字典
>>> print(dict_4)                                      # 将 range 对象转换为列表
```

```
{}
>>> dict_5 = dict_1.copy()
>>> dict_5
{'梦桐': 95, '端端': 100, '欣欣': 97}
>>> del dict_5                                  #删除字典
>>> dict_5                                      #字典未定义,无法访问
NameError: name 'dict_5' is not defined
```

思考:如何复制一个字典中的部分元素,产生新的字典?

3.4.2 字典基本操作

在 Python 中,通过字典元素 key 键完成字典元素的访问,实现元素的增加、查找、修改和删除等基本操作。

字典基本操作方法如表 3-3 所列。

表 3-3 字典基本操作方法

方 法	示 例	功能说明
clear	dicty.clear()	删除字典 dicty 中的所有元素,但保留字典对象
copy	dicty.copy()	复制字典 dicty 生成另外一个列表
fromkeys	dict(fromkeys(x))	使用给定的键(x 中对象)建立新的字典,每个键对应的值为 None
get	dicty.get(x)	根据指定键 x,查找 dicty 中对应值;未找到,返回 None
items	dicty.items()	以元组数组的形式返回字典 dicty 中的元素
keys	dicty.keys()	以类似列表形式返回字典 dicty 中的键
pop	dicty.pop(x)	删除指定键 x 的元素,返回指定键 x 对应的值
popitem	dicty.popitem()	随机返回字典 dicty 中元素并删除
setdefault	dicty.setdefault(x,[v])	当 dicty 中无键 x 时,增加元素键对,否则获取键对应的值
update	dicty.update(dictx)	利用字典 dictx 元素更新 dicty 中的元素,不存在则添加元素
values	dicty.values()	以类似列表形式返回字典 dicty 中的值

1. 字典元素的添加、修改

Python 为字典元素的添加提供 3 种方法:

- 使用赋值运算符=直接添加元素或修改相同键的值。
- setdefault()方法,在字典尾部添加元素。
- update()方法,将一个字典不相同元素添加到另一个字典中,否则将对应元素修改。

【例 3-16】 向字典中添加元素或修改相应元素。

```
>>> dict_1 = {"梦桐":95,"端端":100,"欣欣":97}          #创建字典
>>> dict_1["晓晓"] = 90                                 #赋值添加不存在的元素
>>> dict_1
{'梦桐': 95, '端端': 100, '欣欣': 97, '晓晓': 90}
>>> dict_1["欣欣"] = 99                                 #赋值修改已存在的元素值
>>> dict_1
{'梦桐': 95, '端端': 100, '欣欣': 99, '晓晓': 90}
```

```
>>> dict_1.update({"端端":98,"梓萌":93})                    #添加和修改元素
>>> dict_1
{'梦桐': 95, '端端': 98, '欣欣': 99, '晓晓': 90, '梓萌': 93}
>>> dict_1.setdefault("英男",92)                            #添加元素
92
>>> dict_1
{'梦桐': 95, '端端': 98, '欣欣': 99, '晓晓': 90, '梓萌': 93, '英男': 92}
```

思考:如何将一个字典中的部分元素添加到另一个字典中?

2. 删除字典元素

Python 为删除字典元素提供 4 种方法:

- clear()方法,清除字典中的所有元素,字典变成空字典。
- pop()方法,删除指定键的元素,返回指定键 x 对应的值。
- popitem()方法,随机返回字典中的元素并删除。
- del 函数,删除字典或根据 key 删除指定的元素。

【例 3-17】 删除字典中的指定元素和所有元素。

```
>>> dict_1 = {'梦桐': 95, '端端': 98, '欣欣': 99, '晓晓': 90, '梓萌': 93, '英男': 92}
>>> del dict_1["梓萌"]                    #按 key 删除第 4 个元素对象
>>> dict_1
{'梦桐': 95, '端端': 98, '欣欣': 99, '晓晓': 90, '英男': 92}
>>> dict_1.pop("晓晓")
90
>>> dict_1
{'梦桐': 95, '端端': 98, '欣欣': 99, '英男': 92}
>>> dict_1.popitem()
('英男', 92)
>>> dict_1
{'梦桐': 95, '端端': 98, '欣欣': 99}
>>> dict_1.clear()
>>> dict_1
{}
```

3. 访问查找字典元素

Python 为字典元素的访问查找提供 3 种方法:

- 字典名[key],访问查找字典中指定 key 的元素,不存在则提示 key 出错信息。
- get()方法,访问查找字典中指定 key 的元素,不存在则返回空值。
- 循环遍历,访问所有元素、键或值。

【例 3-18】 访问查找字典中的元素对象。

```
>>> dict_1 = {"梦桐":95,"端端":100,"欣欣":97}              #创建字典
>>> dict_1["端端"]                                          #按键访问查找元素
100
>>> dict_1.get("端端")                                      #按键访问查找元素
```

```
100
>>> dict_1.get("晓晓","此学生不存在!")                    # 如果键不存在,则返回默认值
'此学生不存在!'
>>> for name in dict_1:                                  # 循环遍历元素的键(默认)
        print(name,end = " ")
梦桐 端端 欣欣
>>> for item in dict_1.items():                          # 循环遍历字典元素
        print(item,end = " ")
('梦桐', 95) ('端端', 100) ('欣欣', 97)
>>> for value in dict_1.values():                        # 循环遍历字典元素的值
        print(value,end = " ")
95 100 97
>>> for key in dict_1.keys():                            # 循环遍历字典元素的键
    print(key,end = " ")
梦桐 端端 欣欣
>>> for key in dict_1.keys():                            # 通过键遍历元素值
    print(dict_1[key],end = " ")
95 100 97
```

思考:如何获取字典中的部分元素?

4. 字典元素计算

Python 为字典元素的计算统计提供 2 种方法:

- sum()函数,统计字典中所有元素(key:value)value 的和。
- len()函数,统计字典长度(元素数)。

【例 3-19】 创建 3 名学生的 Python 成绩字典,计算平均成绩。

```
>>> dict_1 = {"梦桐":95,"端端":100,"欣欣":97}
>>> total = sum(dict_1.values())                 # 计算总成绩
>>> n = len(dict_1)                              # 统计学生数
>>> print("平均成绩:%.2",total/n)                # 输出平均成绩
平均成绩:97.33
```

思考:如何计算低于 60 分的学生的平均成绩?

5. 字典嵌套应用

Python 字典嵌套包括 3 种情况:

- 字典嵌入字典,字典元素为字典。
- 列表嵌入字典,字典元素为列表。
- 字典嵌入列表,列表元素为字典。

【例 3-20】 字典嵌入字典的应用。

```
>>> dict_1 = {"梦桐":95,"端端":100,"欣欣":97}
>>> dict_2 = {'晓晓': 90, '梓萌': 95}
>>> dict_12 = {"1 班":dict_1,"2 班":dict_2}
>>> dict_12
{'1 班': {'梦桐': 95, '端端': 100, '欣欣': 97}, '2 班': {'晓晓': 90, '梓萌': 95}}
```

思考:什么情况下,可以考虑字典嵌入字典的应用?

【例 3-21】 列表嵌入字典的应用。

```
>>> list_1=[95,100,97]
>>> list_2=[ 90, 95]
>>> dict_12={"1 班":list_1,"2 班":list_2}
>>> dict_12
{'1 班': [95,100,97], '2 班':[90,95]}
```

思考:什么情况下,可以考虑列表嵌入字典的应用?

【例 3-22】 字典嵌入列表的应用。

```
>>> dict_1={"梦桐":95,"端端":100,"欣欣":97}
>>> dict_2={ '晓晓': 90, '梓萌': 95}
>>> list_12=[dict_1,dict_2]
>>> list_12
[{'梦桐': 95, '端端': 100, '欣欣': 97}, {'晓晓': 90, '梓萌': 95}]
```

思考:什么情况下,可以考虑字典嵌入列表的应用?

3.5 Python 集合

Python 集合属于无序可变序列,用于保存不重复元素。

Python 集合的表现形式:

```
{ 元素 1,元素 2,…,元素 n }
```

说明:同一集合中,元素唯一,不能重复;元素类型可以不同,可以是整数、实数、字符串、元组等不可变对象,不允许列表、字典、集合等为可变对象。不能用{}表示空集合。

3.5.1 集合创建与删除

Python 为集合的创建提供 3 种方法:

- 使用赋值运算符=直接创建集合对象。
- 使用内置函数 set()将迭代对象转换为集合。
- 使用 copy()方法复制已有集合,创建新的集合。

在 Python 中,通过 del 命令删除集合。

【例 3-23】 创建和删除 Python 集合。

```
>>> set_1={'梦桐','端端','欣欣'}                    #创建一班选修 Python 学生集合
>>> set_2={'晓晓','梓萌'}                           #创建二班选修 Python 学生集合
>>> print("一班选修 Python 同学:",set_1)
一班选修 Python 同学: {'欣欣', '梦桐', '端端'}
>>> set_3=set(['璐璐','洋洋'])                      #创建三班选修 Python 学生集合
>>> set_3
{'洋洋', '璐璐'}
```

```
>>> set_copy = set_1.copy()                          # 复制创建集合
>>> set_copy
{'欣欣', '梦桐', '端端'}
>>> set_grades = {95,100,99,95,90,90,92}             # 创建成绩集合,保留一个重复
>>> set_grades
{99, 100, 90, 92, 95}
>>> del set_copy                                     # 删除集合
>>> set_null = {}                                    # 创建的是空字典,非空集合
>>> type(set_null)                                   # 测试类型
<class 'dict' >
>>> set_nums = set(range(1,20,2))                    # 将 range 对象转换为集合
>>> set_nums
{1, 3, 5, 7, 9, 11, 13, 15, 17, 19}
```

思考:如何进行集合部分元素复制,生成新的集合?

3.5.2 集合基本操作

Python 集合基本操作包括:元素的增加、删除和合并等操作。不允许用索引形式访问集合元素。

1. 添加集合元素

Python 为集合元素的添加提供 2 种方法:

- add()方法,在集合中添加元素,忽略重复元素。
- update()方法,合并集合,忽略重复元素。

【例 3-24】 向集合中添加元素。

```
>>> set_1 = {'梦桐', '端端', '欣欣'}                  # 创建集合
>>> set_1.add('璐璐')
>>> set_1
{'欣欣', '璐璐', '梦桐', '端端'}
>>> set_1.update({'梦桐','英男'})
>>> set_1
{'欣欣', '英男', '璐璐', '端端', '梦桐'}
```

思考:如何将一个集合中的部分元素添加到另一个集合中?

2. 删除集合元素

Python 为删除集合元素提供 3 种方法:

- pop()方法,随机删除并返回集合中的一个元素。
- remove()方法,删除集合中指定元素。
- discard()方法,删除集合中指定元素。

【例 3-25】 删除集合中的指定元素和所有元素。

```
>>> set_phone = {'华为','小米','荣耀','OPPO','苹果','魅族'}
>>> set_phone.remove('苹果')                          # 按索引删除第 4 个元素对象
```

```
>>> set_phone
{'华为','魅族','荣耀','OPPO','小米'}
>>> set_phone.discard('OPPO')
>>> set_phone
{'华为','魅族','荣耀','小米'}
>>> set_phone.pop()
'华为'
>>> set_phone
{'魅族','荣耀','小米'}
```

3. 访问集合元素

在 Python 中,可以通过循环遍历访问集合元素。

【例 3-26】 访问集合中的指定元素。

```
>>> set_phone = {'华为','小米','荣耀','OPPO','苹果','魅族'}
>>> for phone in set_phone:
        print(phone,end = " ")
华为 苹果 魅族 荣耀 OPPO 小米
```

Python 内置函数 len()、sum()、max()、min()、filter()、sorted()等也适用于集合。

本章小结

Python 序列结构包括列表(list)、元组(tuple)、字典(dict)、集合(set)等,是区别于其他编程语言的特殊序列结构,是 Python 内置的容器对象,都由多个元素组成。四种特殊序列结构用于存储大量不同类型的数据,弥补了字符串结构和操作的不足。

列表、字典和集合是可变序列(元素允许修改),元组是不可变序列(不允许修改)。

序列的操作方法主要包括:索引、切片(可以访问一定范围内的元素,获取一个全新的序列)、相加、相乘和成员资格检查等。另外还可以通过 Python 提供的内置函数等对序列进行操作。

列表、元组允许通过索引访问元素;字典允许通过 key 访问元素获取对应值;集合不允许通过索引访问元素。

习题 3

1. 填空题

(1) Python 序列结构包括:列表、________、字典和集合等。

(2) lst=[1,2,3,4,5],执行 print(lst[1:4])后,输出结果为________。

(3) lst=[1,2,3,4,5],执行 print(lst[-2:-4:-1])后,输出结果为________。

(4) lst=[1,2,3,4,5],执行 lst[1:3]=[6]后,列表 lst 为________。

(5) lst=list(range(1,10,2),执行 print(lst)后,输出结果为________。

(6) dict={1:"优",2:"良",3:"中",4:"及格",5:"不及格"},执行 print(dict[2])后的值

为________。

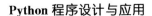

(7) set1={1,2,3};set2={2,3,4,5},执行 set3=set1^set2 后,集合 set3 为________。

(8) 创建含有 1 个元素 2020 的元组命令语句:________。

2. 判断题

(1) tup=(1,2,3,4,5),执行 tup[2]=6,tup 修改为(1,2,6,4,5)。(　　)

(2) del 函数,具有删除字典或根据 key 删除指定元素的功能。(　　)

(3) update 方法,只能实现用一个字典元素更新当前字典相应元素的功能。(　　)

(4) 表达式{1,2,4} < {1,2,3,4,5}的值为 True。(　　)

(5) 集合允许+操作和 * 重复操作。(　　)

(6) 字典 key 唯一,不允许重复。(　　)

(7) lst=[1,2,3,4,5],执行 lst[:3]=[]后,列表 lst 为[4,5]。(　　)

(8) lst=[1,2,3,4,5],lst[:3]=[]与 del lst[:3]等价。(　　)

第 4 章

Python 控制结构

学习导读

主要内容

Python 控制结构包括:选择结构和循环结构。选择结构主要应用于逻辑条件判断问题,根据所指定的条件是否满足,选择执行多种操作中的一种操作。循环结构主要应用于重复操作问题。无论是选择结构还是循环结构,都允许嵌套,用于解决较为复杂的逻辑条件判断问题。本章主要介绍如何实现选择结构、循环结构,以及控制程序流程的 if 条件分支、for 循环、while 循环、break 语句和 continue 语句。

学习目标

- 熟练掌握用 if 条件分支实现选择结构程序设计;
- 熟练掌握用 for 循环和 while 循环实现循环结构程序设计;
- 熟练应用 break 语句和 continue 语句在循环中的应用;
- 熟练应用控制结构嵌套。

重点与难点

重点:控制结构程序设计。

难点:控制结构嵌套程序设计。

4.1 Python 选择结构

4.1.1 if 条件分支的几种形式

Python 语言的 if 条件分支有三种形式:单分支选择结构、双分支选择结构和多分支选择结构。

1. 单分支选择结构

```
if 表达式:
    语句块
```

说明:

① 表达式是判断条件;

② 语句块是表达式为 True 时所执行的单条或多条语句,必须缩进书写。

单分支选择结构语句的执行过程:

计算表达式，如果表达式值为 True，则执行表达式下面的语句块；否则绕过该语句块，而执行其后面的其他语句。

【例 4-1】 键盘输入两个数赋给变量 x 和 y，比较其大小，使得 x 大于 y。

```
x = int(input("请输入一个整数 x:"))                    # 键盘输入
y = int(input("请输入一个整数 y:"))
if x < y:                                              # 如果 x 小于 y,x 和 y 进行调换
    t = x
    x = y
    y = t
print("比较结果:", x, " > ", y))
```

执行结果：

```
请输入一个整数 x:2020
请输入一个整数 y:2021
比较结果:2021 > 2020
```

分析：如果 x 小于 y，则执行三条语句 t=x、x=y、y=t 完成 x 和 y 的调换。

思考：进行 x 和 y 调换的复合语句{t=x;x=y;y=t;}是否可以不加{ }。

【例 4-2】 简单赋值 15、20、10 给 x、y、z 三个变量，比较输出其中最大数。

```
x,y,z = 15,20,10
max = x                             # 假定 x 作为初始最大值
if max < y:
    max = y
if max < z:
    max = z
print("15,20,30 中的最大值:",max)
```

执行结果：

```
15,20,30 中的最大值: 20
```

思考：如果输出 100 个数的最大值，如何编写程序，分析算法的实现？

2. 双分支选择结构

```
if 表达式:
    语句块 1
else:
    语句块 2
```

说明：

① 表达式是判断条件；

② else 语句后面的":"是不可缺少的。

双分支选择结构语句的执行过程：

计算表达式，如果表达式值为 True，则执行语句块 1，否则执行语句块 2。

例如：

```
if x > y:
    print("yes!")
else
    print("no!")
```

【例 4－3】 键盘输入一名学生的英语四级考试成绩，如果成绩大于或等于 425，则输出“通过!”；否则输出“未通过!”。

```
x = int(input("请输入一名学生的英语四级成绩:"))
if x >= 425:
    print("英语四级成绩:",x," >= 425,通过!")
else:
    print("英语四级成绩:",x," < 425,未通过!")
```

执行结果：

```
请输入一名学生的英语四级成绩:495
英语四级成绩:495 >= 425,通过!
```

思考：如果成绩分为优、良、中、及格和不及格，如何修改程序？

【例 4－4】 键盘输入一个英文字母，将大写字母转换为小写字母，小写字母转换为大写字母。

基本思路：在 ASCII 码表中，大写 A 为 65、B 为 66、…，小写 a 为 97、b 为 98、…，大小写对应字母相差 32，大写字母＋32 转换为相应小写字母；小写字母－32 转换为相应大写字母。

```
x = input("输入一个英文字母:")
if x >= "A" and x <= "Z":
    x = chr(ord(x) + 32)
    print("转换后的英文字母:",x)
else:
    x = chr(ord(x) - 32)
    print("转换后的英文字母:",x)
```

执行结果：

```
输入一个英文字母:a
转换后的英文字母:A
```

思考：如何将一个字符串中的小写字母转换为大写字母，大写字母转换为小写字母？

【例 4－5】 用双分支选择结构实现例 4－2。

```
x,y,z = 15,20,10
if x > y:
    max = x
else:
    max = y
if max < z:
    max = z
```

```
else:
    max = max
print("15,20,30 中的最大值:",max)
```

3. 多分支选择结构

```
if  表达式 1:
    语句块 1
elif  表达式 2:
    语句块 2
⋮
elif  表达式 n-1:
    语句块 n-1
else:
    语句块 n
```

说明：

① 不管有几个分支，当程序执行一个分支后，其余分支不再执行；

② 当多分支中有多个表达式同时满足时，则只执行第一个与之匹配的语句。

多分支 if-else 语句的执行过程：

计算表达式 1，如果为 True，则执行语句块 1；否则计算表达式 2，如果为 True，则执行语句块 2；…，否则计算表达式 n－1，如果为 True，则执行语句块 n－1；否则执行语句 n。

【例 4-6】 键盘输入一个百分制成绩，将其转换为优、良、中、及格和不及格 5 个等级。

```
x = int(input("输入一个百分制成绩:"))
print("成绩:",end = "")
if x >= 90:
    print(x," >= 90,优!")
elif x >= 80:
    print(x," >= 80,良!")
elif x >= 70:
    print(x," >= 70,中!")
elif x >= 60:
    print(x," >= 60,及格!")
else:
    print(x," < 60,不及格!")
```

执行结果：

```
输入一个百分制成绩:85
成绩:85 >= 80,良!
```

思考：

① 是否可以改变条件判断顺序，如 if x >=60:分支与 if x >=90:分支调换等。

② 如何将优、良、中、及格和不及格等级转化为百分制成绩范围？

【例 4-7】 计算分段函数：

$$y=f(x)=\begin{cases}2x+1 & (1\leqslant x<2)\\ x^2-3 & (2\leqslant x<4)\\ x & (x<1 \text{ 或者 } x\geqslant 4)\end{cases}$$

```
x = int(input("输入 x:"))
if x >= 1 and x < 2:
    y = 2 * x + 1
elif x >= 2 and x < 4:
    y = x * x - 3
else:
    y = x
print("输出 y:",y)
```

执行结果：

```
输入 x:3.2
输出 y:7.24
```

思考:是否可以改变条件判断顺序。

4.1.2 选择结构嵌套

选择结构嵌套是指在 if 子句或 else 子句中包含选择结构。选择结构嵌套的一般形式如下：

```
if 表达式 1:
    if 表达式 2:
        语句块 2
    else:
        语句块 3
else:
    if 表达式 4:
        语句块 4
    else:
        语句块 5
```

说明:结合判断条件需要,语句块中还可以包含 if 选择结构。

if 选择结构嵌套的执行过程：

首先判断表达式 1,如果为 True,则进一步判断表达式 2,如果为 True,则执行语句块 2,否则执行语句块 3;如果表达式 1 为 False,则判断表达式 4,如果为 True,则执行语句块 4,否则执行语句块 5。

【例 4-8】 假定考生已被某高校录取,键盘输入高考总分,根据总分确定该考生被何专业录取。

算法 1：

```
x = int(input("输入高考总分:"))
if x >= 550:
```

```
if x >= 580:
    print("高考总分:",x,",信息管理与信息系统专业!")
else:
    print("高考总分:",x,",物流管理专业!")
else:
if x >= 520:
    print("高考总分:",x,",人力资源管理专业!")
else:
    print("高考总分:",x,",市场营销专业!")
```

执行结果:

```
输入高考总分:575
高考总分: 575,物流管理专业!
```

算法 2:

```
x = int(input("输入高考总分:"))
if x >= 580:
    print("高考总分:",x,",信息管理与信息系统专业!")
elif x >= 550:
    print("高考总分:",x,",物流管理专业!")
elif x >= 520:
    print("高考总分:",x,",人力资源管理专业!")
else:
    print("高考总分:",x,",市场营销专业!")
```

执行结果:

```
输入高考总分:535
高考总分: 535 ,人力资源管理专业!
```

思考:请同学自行比较上述两种结构形式的不同。

4.2 Python 循环结构

循环结构主要应用于重复操作问题,包括:for 循环和 while 循环。通过循环条件判断、break 语句和 continue 语句可以改变循环流程控制。循环结构也允许嵌套。

4.2.1 for 循环

在 Python 语言中,for 循环主要用于解决循环次数已知的问题,其一般形式如下:

```
for 变量 in 序列或迭代对象:
    循环体
else:
    else语句块
```

说明：

① 变量，接收序列遍历获取的元素；

② 序列或迭代对象，数字序列、字符串、列表、元组、字典等；

③ 循环体，重复执行的单条或多条语句；

④ else 语句块，当 for 循环的序列遍历自然结束时执行 else 语句块。如果循环体中执行 break 语句而导致循环提前结束（非自然），则不执行 else 语句块。

【例 4 - 9】 计算 1 到 100 自然数累加和。

算法 1：

如图 4 - 1 所示，1＋2＋3＋…＋100，把(1,99)、(2,98)、(3,97)、…、(49,51)成对相加，共 49 个 100，再加上 50 和 100，换成数学表示 N＊(N/2－1)＋N/2＋N ＝ N＊(N＋1)/2，代码编写极其简单。

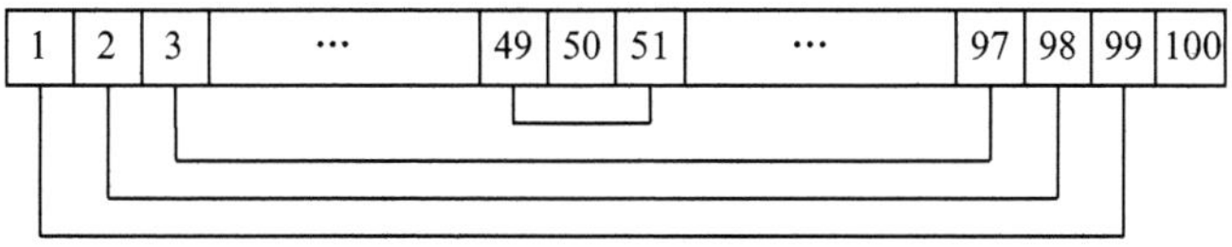

图 4 - 1　1 到 100 累加算法分析

算法 2：

执行累加 s＝0，s＝s＋1，s＝s＋2，…，s＝s＋100。

```
s = 0
for i in range(1,101):
    s = s + i
print("1 + 2 + 3 + … + 100 = ",s)
```

执行结果：

```
1 + 2 + 3 + … + 100 = 5050
```

思考：

① 如要计算 1 到 100 之间奇数累加和、偶数累加和，如何修改程序？

② 如果计算 1－2＋3－4＋…－100，如何修改程序？

【例 4 - 10】 计算 1＋2＋3＋…＋n 的累加和。

```
n = int(input("输入 n:"))
s = 0
for i in range(1,n + 1):
    s = s + i
print("累加和 = ",s)
```

执行结果：

```
输入 n:10
累加和 = 55
```

思考：计算 n!＝1＊2＊3＊…＊n，如何修改上述程序？

【例 4-11】 键盘输入 5 名学生的 Python 考试成绩，比较输出最高成绩。

```
score = int(input("输入第 1 个学生成绩:"))
max = score
for i in range(2,6):
    score = int(input("输入第" + str(i) + "个学生成绩:"))
    if score > max:
        max = score
print("5 名学生最高成绩:",max)
```

执行结果：

```
输入第 1 个学生成绩:89
输入第 2 个学生成绩:96
输入第 3 个学生成绩:100
输入第 4 个学生成绩:78
输入第 5 个学生成绩:92
5 名学生最高成绩: 100
```

思考：如果同时输出最低成绩，如何修改程序？

【例 4-12】 计算 Fibonacci 数列 1,1,2,3,5,8,…的前 20 项之和。

基本思路：Fibonacci 数列从第 3 项开始，每一项等于前面两项之和，通过循环累加实现计算。

```
a,b,s = 1,1,2
for i in range(3,21):
    c = a + b
    s = s + c
    a = b
    b = c
print("Fibonacci 数列的前 20 项之和 = ",s)
```

执行结果：

```
Fibonacci 数列的前 20 项之和 = 17710
```

思考：循环体中的 a=b 与 b=c 能否调换位置；能否写成 a,b=b,c。

【例 4-13】 逆序输出 26 个英文大写字母。

基本思路：在 ASCII 码表中，通过 A 可以计算其他字母，即('A'+i,i=0,1,2,…,25)。

```
for i in range(25, - 1, - 1):
    c = ord('A') + i
    c = chr(c)
print(c,end = " ")
```

执行结果：

```
Z Y X W V U T S R Q P O N M L K J I H G F E D C B A
```

思考：通过字母 A 输出 26 个小写字母，如何修改程序？

4.2.2 while 循环

在 Python 语言中，while 循环结构主要用于解决循环次数未知而根据条件控制循环的问题，其一般形式如下：

```
while 表达式:
    循环体
else:
    else 语句块
```

说明：

① 表达式，是循环的条件，其值为 True、False。

② 循环体，重复执行的单条或多条语句；

③ else 语句块，当 while 循环条件表达式为 False 时执行 else 语句块。如果循环体中执行 break 语句而导致循环提前结束，则不执行 else 语句块。

【例 4-14】 用 while 循环实现例 4-9 计算 1 到 100 自然数累加和。

```
s,i = 0,1                              #变量 s 存放累加和，初值为 0；循环变量 i 初值为 1
while i <= 100:
    s = s + i
    i = i + 1
print("1 + 2 + 3 + … + 100 = ",s)
```

执行结果：

```
1 + 2 + 3 + … + 100 = 1050
```

【例 4-15】 计算 1 到 100 之间奇数累加和、偶数累加和。

```
s1 = s2 = 0                            #s1、s2 分别存放奇数累加和与偶数累加和
i = 1
while i <= 100:
    if i % 2! = 0:                     #余数不为 0 即是奇数，否则为偶数
        s1 = s1 + i;                   #奇数累加
    else:
        s2 = s2 + i;                   #偶数累加
    i = i + 1
print("奇数累加和 = ",s1,",偶数累加和 = ",s2)
```

执行结果：

```
奇数累加和 = 2500 ,偶数累加和 = 2550
```

思考：计算 200 到 400 之间所有能被 2 和 3 整除的整数累加和，如何修改上述程序？

【例 4-16】 用辗转相除法求两自然数的最大公约数。

基本思路：以小数除大数，得余数，如果余数不为零，则小数(除数)成为被除数，余数成为除数，除后得新余数。若余数为零，则此除数即为最大公约数，否则继续辗转相除。

```
x = int(input("输入第一个整数:"))
y = int(input("输入第二个整数:"))
if x < y:
    t,x,y = x,y,t                        #保证大数除以小数
while (z = x % y)! = 0:                  #判断余数为 0 否
    x = y                                #除数作被除数
    y = z                                #余数作除数
print("最大公约数:",y)
```

执行结果：

```
输入第一个整数:8
输入第二个整数:6
最大公约数: 2
```

思考:求 x、y 两个数的最小公倍数(提示:x * y=最大公约数 * 最小公倍数),如何修改上述程序?

【例 4-17】 分析下面程序算法实现。

```
count = 0                  #s1、s2 分别存放奇数累加和与偶数累加和
while count < 5:
    print("计数器 1:", count, " < 5")
    count + = 1
else:
    print("计数器 2:", count, " >= 5")
```

执行结果：

```
计数器 1: 0 < 5
计数器 1: 1 < 5
计数器 1: 2 < 5
计数器 1: 3 < 5
计数器 1: 4 < 5
计数器 2: 5 >= 5
```

分析:当循环自然退出时,执行 else:后面的语句块。

4.2.3 循环控制语句 break 与 continue

Python 中的 break、continue 语句也能控制循环结构的流程。

1. break 语句

用于循环结构语句中,跳出循环结构。

2. continue 语句

用于循环结构语句中,结束本次循环,进行下一次循环条件判断。

break 语句与 continue 语句的主要区别:

① break 语句结束本层循环,跳出本层循环。

② continue 语句结束本次循环,进行下一次循环条件判断。

③ 在循环结构中，break 语句和 continue 语句都是有条件执行，而不是无条件执行。

【例 4-18】 分析下面两段代码的执行。

```
for i in range(1,11,1):
    if i%3 == 0:
        break                          #i 等于 3 时，跳出循环结构
    print(i,end="")
```

执行结果：

```
1 2
```

分析：i 等于 3 时，跳出循环结构，停止输出 i 变量的值。

```
for i in range(1,11,1):
    if i%3 == 0:
        continue                    #i 是 3 的倍数时，结束本次循环
    print(i,end="")
```

执行结果：

```
1 2 4 5 7 8 10
```

分析：输出 1 到 10 之间非 3 的倍数的数。当 i 是 3 的倍数时，结束本次循环，不输出 i 变量的值。

【例 4-19】 计算 1 到 100 自然数累加和，直到累加和大于 1 000 停止累加，输出累加和与最后累加项。

```
s=0
for i in range(1,101):
    s=s+i
    if s > 1000:
        break                       #break;跳出当前循环，执行循环后面的语句
print("累加和:",s,",最后累加项:",i)
```

执行结果：

```
累加和:1035,最后累加项:45
```

思考：如果不用“if s > 1000: break”控制循环计算，如何修改上述程序？

【例 4-20】 输入一个自然数（大于 1），判断其是否为素数。

素数（质数）：除 1 和它本身外，不能被其他任何一个整数整除的自然数。

基本思路：判别某数 m 是否为素数最简单的方法是用 i=2,3,…,m-1 逐个判别 m 能否被 i 整除，只要有一个能整除，m 就不是素数，退出循环；若都不能整除，则 m 是素数。

```
n=int(input("输入一个大于 1 的自然数:"))
i=2
while i <=n-1:
    if n%i == 0:
        break
```

```
        i = i + 1
    if i > n - 1:                                   # 或 if(i = n)
        print(n,"是素数!")
    else:
        print(n,"不是素数!")
```

执行结果:

```
输入一个大于 1 的自然数:11
11  是素数!
```

提示:上面的循环素数判断也可以修改为:"while n%i! =0:"。

思考:数学上已经进一步证明:"若 n 不能被→$\sqrt{n}$中任一整数整除,则 n 为素数",如何修改上述程序?

【例 4-21】 成绩列表中存储某班学生 Python 的考试成绩,计算平均成绩,统计高于平均成绩的人数。

```
stu_s = [90,100,95,78,60,88,92,82,98,72]          # 成绩列表
overn = 0                                          # overn 存放高于平均成绩的人数
stu_sum = sum(stu_s)
stu_n = len(stu_s)
ave = stu_sum/stu_n
for i in range(0,stu_n,1)
    if stu_s[i]> ave: overn + = 1
print("平均成绩: %.1f" %(ave))
print("高于平均成绩的人数: %d" %(overn))
```

执行结果:

```
平均成绩:85.5
高于平均成绩的人数:6
```

思考:键盘输入 10 名学生成绩,存储在列表中,然后统计高于平均分的人数,如何修改程序?

【例 4-22】 键盘输入一些学生的"Python 程序设计"期末考试成绩(用负数结束输入),统计高于平均成绩的人数,输出最高分和最低分。

```
stu_s = []
overn = stu_sum = 0
stu_n = 0
score = int(input("输入第 1 名学生成绩:"))
    while score >= 0:                        # 循环条件是成绩 score >= 0
    stu_n = stu_n + 1
    stu_s.append(score)
    stu_sum = stu_sum + score
    score = int(input("输入第" + str(stu_n + 1) + "名学生成绩:"))
ave = stu_sum/stu_n
for i in range(0,stu_n,1)
```

```
    if stu_s[i] > ave: overn + = 1
print("成绩列表:",stu_s)
print("平均成绩: %.1f,最高分: %d,最低分: %d" % (ave,max(stu_s),min(stu_s)))
print("高于平均成绩的人数: %d" % (overn))
```

执行结果：

```
输入第 1 名学生成绩:90
输入第 2 名学生成绩:80
输入第 3 名学生成绩:70
输入第 4 名学生成绩: - 1
成绩列表: [90, 80, 70]
平均成绩:80.0,最高分:90,最低分:70
高于平均成绩的人数:1
```

【例 4-23】 在存储学生成绩的有序列表中插入某一名学生的成绩，列表成绩仍然有序。

基本思路：首先要查找待插入成绩在列表中的位置 k；然后从最后一个元素开始往前直到下标为 k 的元素依次往后移动一个位置；第 k 个元素的位置空出，将欲插入的成绩插入。

```
s = [99,95,92,90,88,86,86,80,79]
n = int(input("请输入学生成绩:"))
s.append( - 1)                              # 在列表尾追加 - 1,为元素后移
for k in range(0,10,1):
    if n > s[k]: break                      # 查找插入点
for i in range(8,k - 1, - 1):
    s[i + 1] = s[i]                         # 插入点后面元素后移
s[k] = n                                    # 在插入点插入 n
print("插入成绩后的有序列表:",s)
请输入学生成绩:91
插入成绩后的有序列表: [99, 95, 92, 91, 90, 88, 86, 86, 80, 79]
```

思考：成绩插入点确定后，是否可以删掉第 3、6、7、8 行语句，而直接通过 s.insert(k,n)实现成绩插入。

【例 4-24】 将数列 1,1,2,3,5,8,…的前 10 项存储到列表中，并计算累加和。

基本思路：数列从第 3 项开始，每一项等于前面两项之和，即 lst[i]=lst[i-1]+lst[i-2]，通过循环累加实现计算。

```
lst = [1,1]                                 # 初始化列表前 2 项
s = 2                                       # 列表前 2 项之和
for i in range(2,20,1):
    f = lst[i - 1] + lst[i - 2]
    lst.append(f)
    s = s + f
print("列表:",lst)
print("数列前 10 项之和:",s)
```

执行结果：

```
列表：[1, 1, 2, 3, 5, 8, 13, 21, 34, 55]
数列前 10 项之和：143
```

【例 4-25】 分析下面程序算法实现。

```
sites = ["百度", "谷歌","菜鸟","淘宝"]
for site in sites:
    if site == "菜鸟":
        print("菜鸟!")
        break
    print("循环数据 " + site)
else:
    print("没有循环数据!")
print("完成循环!")
```

执行结果：

```
循环数据 百度
循环数据 谷歌
菜鸟!
完成循环!
```

分析：非自然(执行 break)退出循环，不执行 else:后面的语句块。

4.2.4 循环结构嵌套

循环结构嵌套就是在一个循环体内包含另一个完整的循环结构(内外循环结构不能交叉)。前面介绍的两种循环结构可以互相嵌套。

【例 4-26】 计算 1＋2!＋3!＋…＋10!。

```
s = 0                                 # 累加和初值为 0
for i in range(1,11,1):
    f = 1                             # i!初值为 1
    for j in range(1,i + 1,1):        # 计算 i!,注意循环变量终值为 i
        f = f * j;
    print("%d! = %d" % (i,f))         # 输出 i!
    s = s + f                         # i! 累加
print("1 + 2! + 3! + … + 10! = ",s)   # 输出阶乘累加和
```

执行结果：

```
1! = 1
2! = 2
3! = 6
…
9! = 362880
10! = 3628800
1 + 2! + 3! + … + 10! =  4037913
```

分析：由于 n!＝n *(n－1)!，阶乘累加和可以不用循环嵌套来实现，如下：

```
s,f = 0,1                                      #累加和初值 0、阶乘初值 1
for i in range(1,11,1):
    f = f * i;
    print(" %d! = %d" %(i,f))                  #输出 i!
    s = s + f                                  #阶乘累加
print("1 + 2! + 3! + … + 10! = ",s)            #输出阶乘累加和
```

思考:计算 1+(1+2)+(1+2+3)+…+(1+2+3+…+100),如何修改上述程序?

【例 4-27】 用枚举法实现百元买百鸡问题:小鸡每只 5 角,公鸡每只 2 元,母鸡每只 3 元。问 100 元买 100 只鸡有多少种方案?

基本思路:设母鸡、公鸡和小鸡各为 x、y、z 只,可以写出代数方程式:

$$\begin{cases} x+y+z=100 \\ 3x+2y+0.5z=100 \end{cases}$$

但两个方程怎么解三个未知数?这类问题我们可以采用枚举法,即将可能出现的各种情况一一罗列进行测试,判断每一种情况是否满足条件。罗列每种情况采用循环结构来实现。

```
#设母鸡、公鸡和小鸡各为 x、y、z 只
n = 0                             #方案数
for x in range(0,100,1):
    for y int range(0,100,1):
        for z in range(0,100,1):
            if 3 * x + 2 * y + 0.5 * z == 100 and x + y + z == 100:
                n = n + 1
                print("x = %d,y = %d,z = %d" %(x,y,z))
print("共有 %d 种方案!" %(n))
```

执行结果:

```
x = 2,y = 30,z = 68
x = 5,y = 25,z = 70
x = 8,y = 20,z = 72
x = 11,y = 15,z = 74
x = 14,y = 10,z = 76
x = 17,y = 5,z = 78
x = 20,y = 0,z = 80
共有 7 种方案!
```

分析:上述算法采用三层循环实现。因为母鸡最多 33 只,公鸡最多 50 只,因此可对循环次数进行优化。另外,若余下的只数能与钱数匹配,就是一个合理解。因此可以将循环优化为两层。如下:

```
n = 0
for x in range(0,34,1):
    for y in range(0,51,1;y ++ ):
        z = 100 - x - y
        if 3 * x + 2 * y + 0.5 * z == 100:
```

```
            n = n + 1
            print("x = %d,y = %d,z = %d" % (x,y,z))
print("共有 %d种方案!" % (n))
```

【例 4-28】 在 100 以内找出一组 x、y、z 三个数，满足：$x^2+y^2+z^2>100$。

```
for x in range(1,100,1):
    for y in range(1,100,1):
        for z in range(1,100,1):
            if x*x+y*y+z*z > 100:
                break                          #跳出本层循环结构
        break
    break
print("满足条件:x = %d,y = %d,z = %d" % (x,y,z))
```

执行结果：

```
满足条件:x = 1,y = 1,z = 10
```

思考：能否实现直接从最里层循环跳到最外层循环外面，而 break 语句只能逐层跳出。

【例 4-29】 用选择法将 8 个数按从小到大(递增)的顺序进行排序。

列表数据排序，引用 sorted()函数很容易实现。排序的算法有多种，其中比较典型和简单的有选择法排序和冒泡法排序。

基本思路：从 n 个数的序列中选出最小的数(递增)，与第 1 个数交换位置；除第 1 个数外，其余 n－1 个数再按同样的方法选出次小的数，与第 2 个数交换位置；重复 n－1 遍，最后构成递增序列。

```
lst = [15,9,20,12,7,16,4,6]
print("排序前列表:",lst)
for i in range(0,7,1):
    k = i
    for j in range(k+1,8,1):
        if lst[k]> lst[j]: k = j
    t = lst[i]; lst[i] = lst[k]; lst[k] = t
print("排序后列表:",lst)
```

执行结果：

```
排序前列表:[15, 9, 20, 12, 7, 16, 4, 6]
排序后列表:[4, 6, 7, 9, 12, 15, 16, 20]
```

本章小结

Python 控制结构包括选择结构和循环结构，并允许嵌套应用。选择结构主要应用于逻辑条件判断问题，根据不同的判断条件执行不同的分支语句。Python 语言提供单分支 if 语句、双分支 if 语句和多分支 if 语句实现选择结构，控制程序流程。

循环结构是用来处理重复操作的，在 Python 语言中包括 for 循环和 while 循环。for 循环主要应用于循环次数已知的情况，while 循环主要应用于不知道循环次数，但是知道结束循环条件的情况。用 break 语句和 continue 语句可以控制程序的执行流程。循环结构也可以嵌套，用于解决较为复杂的问题。

循环结构应用时应特别注意循环条件的控制，否则会造成死循环。循环体语句应注意缩格一致性，否则会引起语法结构错误。

习题 4

1. 填空题

（1）在循环结构中，跳出循环结构用________语句；结束本次循环用________语句。

（2）产生数字序列的函数是________。

（3）x%3！＝＝0 与 x%3 的值________（相等否），if(x%3！＝0)与 if(x%3)________（等价否）。

（4）x%3！＝0 与 x%3 的值________（相等否）？while(x%3！＝0)与 while(x%3)________（等价否）？

（5）if 选择分支结构、while 和 for 循环结构是否允许嵌套________（允许/不允许）。

（6）循环自然结束时，是否执行后面的 else 语句块________（执行/不执行）。

2. 完善程序、写出运行结果或分析实现的功能

（1）分析程序，写出运行结果。

```
x = 9;y = 2
if x > 4:
    if x < 8: x+ = 1
    else: x- = 1
if y > 4:
    if y < 8: y+ = 1
else:
    y- = 1
print("x = ",x,",y = ",y)
```

（2）若用 0 到 9 之间不同的 3 个数构成一个三位数，下面程序将统计出有多少种方法。

```
n = 0
for i in range(0,10,1):
    for j in range(0,10,1):
        if ____________:continue
    else:
        for k in range(0,10,1):
            if ____________ n+ = 1;print(i,j,k)
print("方法数:",n)
```

（3）将输入的正整数按逆序输出。例如：输入 168 则输出 861。

```
n = int(input("输入一个正整数:"))
while n >= 1:
    s = n % 10
    n = ______
    print(" % d" % (s),end = "")
```

(4) 输出 1 到 200 之间能被 7 整除,个位数是 2 的所有整数。

```
for i in range(1,200,1):
    if i % 7 == 0 and ______ == 2:
        print(" % d" % (i))
```

(5) 分析如下程序完成的功能和算法实现。

```
lst = [1,2,3,4,5,6,7,8]
print("变化之前列表:",lst)
for i int range(0,8/2,1):
    t = lst[i]; lst[i] = lst[8 - i - 1]; lst[8 - i - 1] = t
print("变化之后列表:",lst)
```

(6) 分析如下程序完成的功能和算法实现。

```
lst = [15,9,20,12,7,16,4,6]
print("之前列表:",lst)
for i in range(1,8,1):
    for j in range(0,8 - i,1):
        if lst[j] > lst[j + 1]:
            t = lst[j], lst[j] = lst[j + 1], lst[j + 1] = t
print("之后列表:",lst)
```

3. 编写程序

(1) 输入 3 个数,判断 3 个数能否作为三角形的三条边,如构成三角形,计算三角形面积并输出;否则输出“不构成三角形”。

(2) 键盘提示输入用户名,判断用户名是否是 admin,如果是,则输出“欢迎光临!”,否则输出“用户名错误!”。

(3) 键盘输入一个整数,判断输出的是奇数还是偶数。

(4) 使用 if - elif - else 多分支选择结构,键盘输入年龄,判断输出:age >=60,退休;age >=30,中年;age >=18,成年;否则,小孩。

(5) 求一元二次方程 $ax^2+bx+c=0$ 的解,a、b、c 由键盘输入。

(6) 输入 4 个数,比较输出最大值和最小值。

(7) 计算 1−1/2+1/3−1/4+⋯−1/100。

(8) 计算 100 到 200 之间所有能被 2 和 3 整除的数累加和。

(9) 输出 100 到 200 之间的所有素数。

(10) 计算 1+(1+2)+(1+2+3)+⋯+(1+2+3+⋯+100)。

(11) 计算 S=2+22+222+2222+⋯+22⋯222(n 个 2,5 <n<10)。

(12) 计算 S=1+1/2+1/4+1/7+1/11+1/16+1/22+1/29+…当第 i 项的值<0.000 1 时结束。

(13) 输出乘法九九表(9 行)。

(14) 鸡兔共笼有 30 个头,90 只脚,求鸡兔各有多少?

(15) 自己设计奖学金发放处理逻辑,统计 n 名学生中各类奖学金发放人数、金额;获奖学金总人数和总金额。

条件:英语达到四级、六级;计算机达到国家二级、三级。

奖学金:院级 B 类/100;

院级 A 类/200;

校级 B 类/500;

校级 A 类/800。

第 5 章

Python 函数

学习导读

主要内容

函数是模块化程序设计中完成特定功能的一段代码,以实现代码的重复使用。程序设计时,不仅可以调用 Python 内置函数、标准库和扩展库中的对象,也可以调用自己编写的自定义函数实现相应的功能。本章主要介绍函数的定义与调用、函数参数传递、递归函数、lambda 表达式(匿名函数)、生成器函数、函数与变量的作用域等内容。

学习目标

- 熟练掌握函数的定义与调用;
- 理解掌握函数的递归调用执行过程;
- 掌握函数参数的传递方式;
- 理解掌握 lambda 表达式和生成器函数的工作原理、定义与使用;
- 掌握函数与变量的作用域。

重点与难点

重点:函数的定义、调用、参数传递、递归调用和 lambda 表达式。

难点:函数的递归调用和 lambda 表达式。

5.1 Python 函数定义与使用

函数具有代码重用、提高编写效率和利于程序维护等诸多优点。在 Python 语言中,所有调用的函数,必须先定义,后使用。

函数定义,即根据函数的输入、处理和输出完成代码的编写。定义函数只是规定了函数会执行什么操作,只有真正调用执行了,才能实现其功能,否则就是静态的。

函数调用,即执行函数中的代码。函数根据传入的数据完成特定的运算,并将运算结果返回到函数调用位置。

5.1.1 函数引例

【例 5-1】 比较输出 Python 考试成绩列表中的最高成绩。

```
s = [90,75,87,95,80,77,100,66,92,83]                  #成绩列表
s_max = s[0]                                          #假定第一个成绩为最高成绩
```

```
if(s[1] > s_max): s_max = s[1]; if(s[2] > s_max): s_max = s[2]
if(s[3] > s_max): s_max = s[3]; if(s[4] > s_max): s_max = s[4]
if(s[5] > s_max): s_max = s[5]; if(s[6] > s_max): s_max = s[6]
if(s[7] > s_max): s_max = s[7]; if(s[8] > s_max): s_max = s[8]
if(s[9] > s_max): s_max = s[9]
print("最高成绩:",s_max)
```

分析:两个成绩的比较(算法比较简单)在程序中重复出现 9 次。如果将两个成绩的比较算法独立出来编写一个函数进行多次调用,那么代码修改如下:

```
def max( x,y):                                  #定义求两个数最大值函数
    if x > y: z = x
    else: z = y
    return z                                    #返回最大值
#主程序,调用函数,比较输出 Python 考试成绩列表中的最高成绩
s = [90,75,87,95,80,77,100,66,92,83]            #成绩列表
n = len(s)                                      #学生人数
s_max = s[0]                                    #假定第一个成绩为最高成绩
for i in range(1,n):                            #成绩列表循环遍历
    s_max = max(s_max,s[i])                     #调用最大值函数
print("最高成绩:",s_max)
```

在一个程序或多个程序中,如果将多次进行相同计算处理的操作编写成一个函数(Function)进行调用,则具有如下特点:

- 函数具有相对独立的功能;
- 函数之间通过参数(输入)和返回值(输出)进行联系;
- 代码重用,节省内存;
- 程序模块化,易于理解;
- 分工开发,提高效率;
- 利于程序维护。

从用户使用的角度,函数有三种:内置函数、库函数和自定义函数。

(1) 内置函数、库函数

Python 内置函数(直接调用)、标准库函数(需导入)和扩展库函数(需安装导入),是预先定义好的,用户可以直接调用。虽然这些函数提供了强大的程序设计功能支持,但也不能完全满足实际应用中的所有需要,结合应用功能,部分函数还需要用户自己编写。

(2) 自定义函数

自定义函数由用户根据实际需要自己设计编写,实现指定的功能。从函数的形式,函数分两类:无参函数和有参函数。

无论是无参函数还是有参函数,都是完成特定的功能。有参函数通过参数进行函数间的数据传递,并且可以借助参数返回多个值(函数通过 return,一次只能返回一个函数值)。

5.1.2 函数定义

Python 函数必须先定义后使用,其一般定义形式如下:

```
def  函数名([ 形式参数 1, 形式参数 2,…, 形式参数 n] ):
    函数体
    [return  表达式]
```

说明：

① def 定义函数的关键字。

② 形式参数接收实参传递的值，其类型由实参决定。形式参数可以没有，但圆括号不能省略。

③ 函数体为实现函数功能的代码。

④ [return 表达式]，表示函数可以有返回值(Python 支持的任何对象)，也可以没有返回值。无表达式的 return 返回 None。

根据有无参数，函数分为有参函数和无参函数，结合应用功能需求进行定义。

【例 5-2】 编写函数，输出一行 60 个"*"。

```
def fun()                                  #无参数，无返回值
    print("*"*60)                          #输出一行 60 个"*"
```

【例 5-3】 编写函数，输出一行 n 个"*"。

```
def fun(n):                                #带参数，无返回值
    print("*"*n)                           #只输出一行 n 个"*"
```

【例 5-4】 编写函数，返回两个数的和。

```
def add(x, y):                             #带参数，定义求两个数和的函数
    return x+y                             #返回函数值 x+y
```

【例 5-5】 编写无参函数，输出三行字符串。

```
def fun():                                 #无参数，无返回值
    print("中国的春天即将来临!")
    print("返校学习，我们好好拥抱!")
    print("战疫必胜，中国加油!")
```

注意：上述几个例题，只是说明函数如何定义(有参数或无参数、有返回值或无返回值)，要想实现函数功能，必须完善程序，调用这些函数才能执行。

5.1.3 函数调用

函数定义后，只有调用执行才能实现其功能。函数调用形式如下：

```
函数名([实参 1,实参 2,…,实参 n])
```

说明：

① 函数名要与被调用的函数名一致。

② 实参与形参的个数必须一致，它可以是 Python 支持的任何对象。

③ 实参与形参可以同名，但占不同的存储单元。

④ 调用的形式可以是表达式，也可以是语句。

⑤ 函数定义中的形参只有当发生函数调用时,才被分配内存单元。

注意:数据的输入或输出一般在主程序或调用函数中完成。函数调用过程如图 5-1 所示。

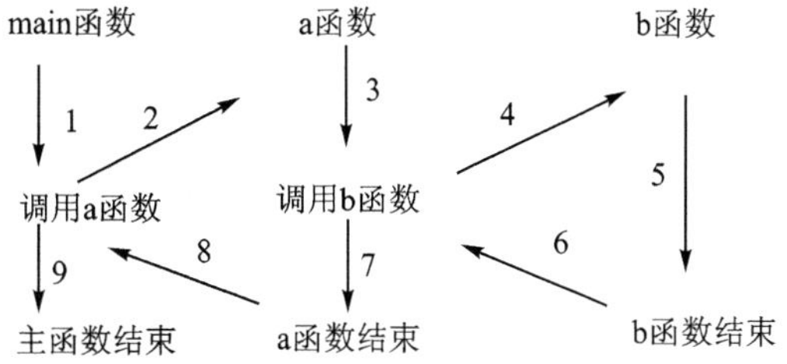

图 5-1 函数调用过程

【例 5-6】 编写函数 add,计算并返回两个整数的和。

```
def add(x, y):                          # 函数定义,变量 x、y 为形参
    return x + y                        # 返回函数值 x + y
# 主程序
a = int(input("输入 a:"))
b = int(input("输入 b:"))
s = add(a,b)                            # 函数调用,变量 a、b 做实参
print("%d+%d=%d"%(a,b,s))
```

执行结果:

```
输入 a:100
输入 b:200
100+200=300
```

【例 5-7】 完善程序编写,实现调用例 5-3 中的 fun 函数。

```
def fun(n):                             # 带参数,无返回值
    print("*"*n)                        # 只输出一行 n 个"*"
# 主程序
for i in range(1,6,1):
    fun(i)                              # 有参函数调用,实参 i 决定一行多少个"*"
```

执行结果:

```
*
**
***
****
*****
```

【例 5-8】 编写函数,根据不同的用户名,输入不同的用户信息。

```
def welcome(username):                  # 函数定义,username 为形参
    print("欢迎",username,"光临")
# 主程序
```

```
username = input("输入用户名:")
welcome(username)                              #函数调用,变量 username 为实参
```

执行结果:

```
输入用户名:端端
欢迎 端端 光临
```

5.2 Python 函数参数传递

参数是调用函数与被调用函数之间交换数据的通道。在 Python 语言中,参数传递主要有位置参数、默认值参数、关键字参数、不定长参数四种方式,参数可以是不可变类型和可变类型。

- 不可变类型(整数、字符串、元组):类似 C++的值传递,值传递就是实参传递给形参的值是单方向的值传递,形参的改变不会影响实参的值,被调用函数是通过 return 返回值影响调用函数(如 fun(x),传递的只是 x 的值,在 fun(x)内部修改了 x 的值,只是修改另一个复制的对象,不会影响 x 本身)。
- 可变类型(列表、字典):类似 C++的引用传递,形参的改变影响实参的值,即操作形参就是操作实参(如 fun(x),则是将 x 真正地传过去,修改后 fun 外部的 x 也会受影响)。

Python 中一切都是对象,严格意义不能说值传递还是引用传递,应该说传不可变对象和传可变对象。

5.2.1 位置参数传递

位置参数传递就是将实参复制给对应位置的形参,函数调用时,要求实参与形参的数量必须相同,并且实参与对应的形参顺序必须一致。

【例 5-9】 Python 传不可变对象实例。

```
#函数定义
def ChangeInt(y):
    y = 200
    print("函数内 y=", y)
#主程序函数调用
x = 100
ChangeInt(x)
print("函数外 x=", x)
```

执行结果:

```
函数内 y= 200
函数外 x= 100
```

分析:单方向值传递,形参变化对实参没有影响。有 int 对象 100,指向它的变量是 x,在传递给 ChangeInt 函数时,按传值的方式复制了变量 x,y 和 x 都指向了同一个 int 对象,在 y=200 时,则新生成一个 int 值对象 200,并让 y 指向它。

【例 5－10】 Python 传可变对象实例。

```
#函数定义,位置参数传递
def changeme(mylist ):
    mylist.append([1,2,3,4])
    print ("函数内取值：", mylist)
    return
#主程序调用 changeme 函数
mylist = [10,20,30]
changeme( mylist )
print ("函数外取值：", mylist)
```

执行结果：

```
函数内取值： [10, 20, 30, [1, 2, 3, 4]]
函数外取值： [10, 20, 30, [1, 2, 3, 4]]
```

分析:形参改变影响实参。可变对象在函数里修改了参数,那么在调用这个函数的函数里,原始的参数也被改变了。

【例 5－11】 调用函数,位置参数传递,输出国家的名字和年龄。

```
#输出国家的名字和年龄
def fun( name, age ):
    print ("国家：%s,年龄：%s" %(name, str(age)))
#主程序调用 fun 函数,位置参数传递
fun("中国", 70)                                #实参数量、顺序与形参一致
fun(70, "中国")                                #实参顺序与形参不一致
```

执行结果：

```
国家:中国,年龄:70                              #正确输出
国家:11,年龄:中国                              #错误输出
```

分析:位置参数传递,要求实参数量、顺序与形参必须一致。

5.2.2 关键字参数传递

关键字参数,就是按照参数名传递参数值给形参,形参与实参的顺序可以不同,主要避免参数值传递错误。

- 关键字参数和函数调用关系紧密,函数调用使用关键字参数来确定传入的参数值。
- 使用关键字参数允许函数调用时参数的顺序与声明时不一致,因为 Python 解释器能够用参数名匹配参数值。

【例 5－12】 调用函数,关键字参数传递,输出国家的名字和年龄。

```
#输出国家的名字和年龄
def fun( name, age ):
    print ("国家：%s,年龄：%s" %(name, str(age)))
#主程序调用 fun 函数,关键字参数传递
```

```
fun(name = "中国", age = 70)                    # 关键字参数传递
fun(age = 70, name = "中国")                    # 关键字参数传递,可以不考虑位置
fun("中国", age = 70)                           # 部分关键字参数传递,必须在右边
fun(name = "中国", 70)                          # 调用错误,关键字参数传递不能在左边
```

执行结果:

```
国家:中国,年龄:70                              # 正确输出
国家:中国,年龄:70                              # 正确输出
国家:中国,年龄:70                              # 正确输出
```

提示:关键字参数传递与位置参数传递可以混合使用,但关键字参数传递必须出现在参数右边。

【例 5-13】 编写函数,将列表每个元素(值)加其索引下标。

```
# 函数定义
def fun(lst_m):
    n = len(lst_m)                              # 列表长度
    for i in range(0,n,1):                      # 循环遍历列表
        lst_m[i] = lst_m[i] + i                 # 列表元素 + 下标
# 主程序,函数调用
lst_m = [11,22,33,44,55]
fun(lst_m)                                      # 函数调用实参为列表
print("变化后的列表:",lst_m)
```

执行结果:

```
变化后的列表:[11 23 35 47 59]
```

分析:调用函数 fun(lst_m),将列表实参传递给形参,形参列表元素变化,影响实参列表,如图 5-2 所示。

11/11	lst_m[0]
22/23	lst_m[1]
33/35	lst_m[2]
44/47	lst_m[3]
55/59	lst_m[4]

图 5-2 列表操作

5.2.3 默认值参数传递

默认值参数,就是为形参预先设置默认值,当没有给该形参传值时,形参以默认值参加操作。默认值参数必须出现在形参的最右面。

【例 5-14】 调用函数,默认值参数传递,输出名字和年龄。

```
# 函数定义,默认值参数传递
def prinfo( name, age = 40 ):                   # 默认值参数 age = 40,必须在参数的右侧
    print ("名字: ", name)
    print ("年龄: ", age)
    return                                      # 相当于 return None
# 主程序,调用函数默认值参数函数
prinfo( age = 70, name = "中国海军" )           # 关键字参数传递
print ("-------------------------")
prinfo( name = "改革开放" )                     # 默认值参数 age
```

输出结果：

```
名字： 中国海军
年龄： 70
------------------------
名字： 改革开放
年龄： 40
```

提示:默认值参数必须出现在形参的最右面。

5.2.4 不定长参数传递

在编程的过程中,可能会遇到函数参数数量不确定的情况,这时就需要使用不定长参数函数来实现其功能。

- 可能需要一个函数能处理比当初声明时更多的参数,这些参数叫做不定长参数,声明时不会命名。
- 加了星号(*)的变量名,接收任意数量未命名的参数值,并将其放在一个元组中。如果在函数调用时没有指定参数,那么它就是一个空元组。调用函数时,也可以不向函数传递未命名的变量。
- 加了星号(**)的变量名,接收多个关键字参数,并将其放在一个字典中。

【例 5-15】 调用函数,不定长参数传递,分析程序执行。

```
#不定长参数函数定义
def printinfo( arg1, *vartuple ):
    print ("输出：", end = "")
    print (arg1)
    for var in vartuple:
        print (var, end = "")
    return
#主程序,调用不定长参数 printinfo 函数,传递参数值
printinfo( 100 )
printinfo( 100, 95, 90 )
```

执行结果：

```
输出:100
输出:100 95 90
```

分析:printinfo(100, 95, 90),加了星号*的变量 vartuple 存放接收未命名的 95、90 参数。printinfo(100),函数调用时没有指定参数,vartuple 就是一个空元组。

【例 5-16】 调用函数,不定长关键字参数传递,分析程序执行。

```
#不定长参数函数定义
def printinfo( name, **varset ):
    print ("姓名：", name)
    print (varset)
    return
#主程序,调用不定长参数 printinfo 函数,传递关键字参数
printinfo("梦桐",高数 = 98,英语 = 100, Python = 95)
printinfo("端端",高数 = 99,英语 = 100, Python = 98)
```

执行结果：

```
姓名:梦桐
{'高数': 98, '英语': 100, 'Python': 95}
姓名:端端
{'高数': 99, '英语': 100, 'Python': 98}
```

分析:调用函数,传递学生姓名和三门课的成绩“键=值”,自动将接收的课程成绩关键字参数转换为字典元素。

5.3 递归函数

函数的递归调用就是函数直接或间接地调用自己。函数在函数体内部直接调用自己,称为直接递归(调用)。函数在函数体内通过调用其他函数实现自我调用,称为间接递归(调用)。我们前面介绍的函数调用均是非递归调用。下面通过递归调用最典型的例子 n! 运算,了解一下递归函数的执行过程。

【例 5-17】 编写递归函数,计算 n!,分析函数的调用回归执行过程。

基本思路:由算式 n!=n*(n−1)!、(n−1)!=(n−1)*(n−2)!、…、2!=2*1!、1!=1,可将 n! 定义为:

当 n=1 时,n!=1;

当 n > 1 时,n!=n*(n−1)!。

```
#递归函数定义,计算 n!
def fun(n):
    if n == 1: return 1
    return n * fun(n-1)
#主程序,调用递归函数
n = int(input("输入 n:"))
print("输出: %d! = %d" % (n, fun(n)))          #函数调用,输出函数值
```

执行结果：

```
输入 n:5
输出:5! = 120
```

递归函数 fun 的调用、回归执行过程如图 5-3 所示。

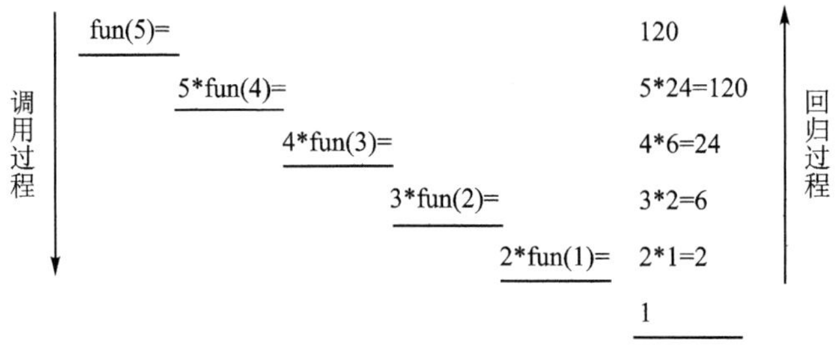

图 5-3 递归函数 n! 的调用、回归执行过程

【例 5-18】 编写递归函数,计算 x^y。

基本思路:算法类似 n!,x^y 相当于 $x*x^{y-1}$、x^{y-1} 相当于 $x*x^{y-2}$,依次类推逐步展开,最后 x 相当于 $x*x^0(1)$相乘。

```
#递归函数定义,计算 x^y
def fun(x, y):
    if y == 0: return 1
    return x * fun(x, y-1)
#主程序,递归函数调用
x = int(input("输入 x:"))
y = int(input("输入 y:"))
z = fun(x, y)
print("输出: %d 的 %d 次幂 = %d" %(x, y, z))
```

执行结果:

```
输入 x:2
输入 y:6
输出:2 的 6 次幂 = 64
```

5.4 lambda 表达式(匿名函数)

Python 使用 lambda 表达式来创建匿名函数(没有函数名,不再使用 def 语句这样标准的形式定义一个函数):

- lambda 函数的主体是一个表达式(只能写一行),而不是一个代码块,表达式的计算结果相当于函数的返回值。其仅能在 lambda 表达式中封装有限的逻辑,允许调用其他函数。
- lambda 函数拥有自己的命名空间,且不能访问自己参数列表之外或全局命名空间里的参数。

lambda 表达式(匿名函数)的语法格式(只包含一个语句):

```
lambda [参数 1 [,参数 2, ….,参数 n]]:表达式
```

说明:

① lambda 表达式,匿名函数的功能实现。没有函数名,只能写一行,允许调用其他函数,计算结果即为函数返回值(具有函数 return 功能)。

② 参数,可选的,任何类型,参数在表达式中出现。

【例 5-19】 定义匿名函数,计算两个数之和。

```
#匿名函数定义
sum = lambda x, y: x + y                    #定义匿名函数,并赋值给 sum
#调用 sum 函数
print ("相加后的值为:", sum( 10, 20 ))      #sum 具有匿名函数的功能,进行参数传递
print ("相加后的值为:", sum( 20, 20 ))
```

执行结果：

```
相加后的值为:30
相加后的值为:40
```

【例 5-20】 定义匿名函数，将成绩列表中的成绩+5 分。

```
#匿名函数定义
add = lambda x: x +5                          #定义匿名函数,并赋值给 add
lst_s=[40, 50, 57, 52, 59]
#调用 add 函数
lst_sadd=list(map(add, lst_s))                #把 add 映射到列表所有元素,实现每个元素值+5
print ("修改成绩后的列表:", lst_sadd)
```

执行结果：

```
修改成绩后的列表:[45, 55, 62, 57, 64]
```

5.5 Python 迭代器与生成器函数

迭代器是访问集合元素的一种方式，是 Python 最强大的功能之一。生成器是一类特殊的迭代器，具有惰性求值的特点，适合大数据处理。

5.5.1 Python 迭代器

迭代器是一个可以记住遍历位置的对象。迭代器对象从集合的第一个元素开始访问，直到访问最后一个元素结束。

迭代器对象的两个基本方法：

- iter()，创建迭代对象。
- next()，定位迭代器的下一个元素。

说明：字符串、列表和元组对象都可用于创建迭代器。

【例 5-21】 创建迭代器，使用 next()输出第一个元素，然后使用 for 遍历剩下的元素。

```
lst=[2020,2021,2022,2023]
it=iter(lst)                              #创建迭代对象
print("next 元素:", next(it))             #输出迭代对象元素
for i in it:
    print("遍历元素:", i)                 #遍历输出迭代对象元素
```

执行结果：

```
next 元素:2020
遍历元素:2021
遍历元素:2022
遍历元素:2023
```

5.5.2 Python 生成器函数

在 Python 中,使用了 yield 语句的函数称为生成器(generator)。

- yield 与 return 类似,都是从函数中返回值。
- yield 与 return 的区别,return 直接结束函数的运行,而 yield 返回一个值后暂停后面代码的执行,只有通过生成器对象的__next__()方法、内置函数 next()、for 循环遍历生成器对象元素等方式,才能从当前位置恢复继续执行。
- 调用一个生成器函数,返回的是一个迭代器对象。
- 生成器保存的是算法,而列表保存的是数据,所以生成器节省内存空间。

【例 5-22】 使用 range()函数创建列表和生成器,并输出对象元素。

```
lst = [x * 2 for x in range(10)]                          #创建列表
generator = (x * 2 for x in range(10))                    #创建生成器对象
print("列表:", lst)                                        #输出列表
print("元素 0:", next(generator))                          #通过 next()函数,输出生成器对象元素
print("元素 1:", next(generator))                          #输出生成器对象下一个元素
print("元素 2:", generator.__next__())                     #通过__next__()方法,输出生成器对象元素
print("元素 3:", generator.__next__())                     #输出生成器对象下一个元素
for i in generator:                                       #遍历输出生成器对象元素
    print("生成器元素:", i, end = " ")
```

执行结果:

```
列表:[0, 2, 4, 6, 8, 10, 12, 14, 16, 18]
元素 0:0
元素 1:2
元素 2:4
元素 3:6
生成器元素:8 10 12 14 16 18
```

【例 5-23】 使用 yield 创建 0,1,1,2,3,5,8,…数列生成器函数,并输出对象元素。

```
def fib():                                                #创建列表
a, b = 0, 1
while True:
    yield b
    a, b = b, a + b
f = fib()
for i in range(15):
    print( next(f), end = " ")
```

执行结果:

```
1 1 2 3 5 8 13 21 34 55 89 144 233 377 610
```

5.6 函数与变量作用域

变量的作用域是一个空间概念，由定义变量的位置来确定，根据变量定义的位置不同，可分为局部变量和全局变量。变量的生存期（变量值存在的时间）是一个时间概念，由变量的存储类别决定，即变量在整个程序的运行过程都是存在的，或变量是在调用其所在的函数时才临时分配存储单元，而在函数调用结束后马上释放，变量不再存在。

变量可以定义在函数的内部或函数外部。在函数内部定义的变量，只在本函数范围内有效，则称该变量为局部变量。在函数外定义的变量则称为全局变量，全局变量的作用域是从它的定义处开始到它所在的源文件结束。到目前为止，前面介绍的程序都是在函数内部定义变量，属于局部变量。

- 在一个函数中既可以使用本函数中定义的局部变量，又可以使用有效的全局变量。如果在同一个源文件中，全局变量与局部变量同名，则在局部变量的作用范围内，全局变量被"屏蔽"，即它不起作用，此时局部变量是有效的。
- 定义在函数内部的变量拥有一个局部作用域，定义在函数外的拥有全局作用域。
- 局部变量只能在其被声明的函数内部访问，而全局变量可以在整个程序范围内访问。调用函数时，所有在函数内声明的变量名称都将被加入到作用域中。
- 当内部作用域想修改外部作用域的变量时，就要用到 global 和 nonlocal 关键字声明全局变量，否则只能默认读取全局变量，而不能修改。
- 如果要修改嵌套作用域（enclosing 作用域，外层非全局作用域）中的变量（闭包）则需要使用 nonlocal 关键字声明变量。

【例 5－24】 分析程序输出结果及变量的作用域。

```
x, y = 400, 200;                          #定义全局变量 x、y
def fun():                                #函数定义
    x = 100                               #定义函数内局部变量 x,屏蔽全局变量 x
    z = x + y;                            #z = 300
    print("第 1 次输出:", z)
fun()                                     #函数调用
z = x + y                                 #全局变量相加,z = 600
print("第 2 次输出:", z)
```

执行结果：

```
第 1 次输出: 300
第 2 次输出: 600
```

分析：函数外定义的全局变量 x＝400 在函数 fun()中被屏蔽，局部变量 x＝100 有效。从被调用函数 fun()返回后，两个全局变量相加 z＝x＋y＝600。

【例 5－25】 分析程序输出结果及变量的作用域。

```
x, y = 400, 200;                          #定义全局变量 x、y
def fun():                                #函数定义
    lobal x                               #声明全局变量 x
```

```
    x = 100                                    # 修改全局变量 x 的值
    z = x + y;                                 # z = 300
    print("第 1 次输出:", z)
fun()                                          # 函数调用
z = x + y                                      # 全局变量相加,z = 300
print("第 2 次输出:", z)
```

执行结果:

```
第 1 次输出: 300
第 2 次输出: 300
```

分析:函数外定义的全局变量 x=400 在函数 fun()中被修改为 100。从被调用函数 fun()返回后,两个全局变量相加 z=x+y=300。

【例 5-26】 嵌套函数定义。

```
num = 0                                        # 定义全局变量
def outer():                                   # 嵌套外部函数定义
    num = 10
    def inner():                               # 嵌套内部函数定义
        nonlocal num                           # nonlocal 声明变量(闭包)
        num = 100                              # 修改嵌套作用域变量 num 由 10 变为 100
        print("num1 = ", num)
    inner()                                    # 嵌套内部函数调用
    print("num2 = ", num)
# 函数调用
outer()                                        # 嵌套外部函数调用
print("num3 = ", num)
```

执行结果:

```
num1 = 100
num2 = 100
num3 = 0
```

分析:嵌套内部函数修改外部函数作用域中的变量,则需要使用 nonlocal 关键字声明变量(闭包)。闭包是介于全局变量和局部变量之间的一种特殊变量,闭包变量定义在嵌套的外部函数与内部嵌套函数之间。

本章小结

函数是模块化程序设计中完成特定功能的一段代码。程序设计时,不仅可以调用 Python 内置函数、标准库和扩展库中的对象,也可以调用自己编写的自定义函数实现相应的功能。

函数具有代码重用、提高编写效率和利于程序维护等诸多优点。在 Python 语言中,所有调用的函数,必须先定义,后使用。

函数定义,即根据函数的输入、处理和输出完成代码的编写。定义函数只是规定了函数会执行什么操作，只有真正调用执行了，才能实现其功能，否则就是静态的。

函数调用，即执行函数中的代码。函数根据传入的数据完成特定的运算，并将运算结果返回到函数调用位置。

函数只有通过调用才能执行，函数参数包括位置参数、关键字参数、默认值参数和不定长参数四种形式。函数间的参数传递分为不可变类型（整数、字符串、元组）和可变类型（列表、字典）两种方式。不可变类型参数传递方式，形参的变化对实参没有影响。可变类型参数传递方式，形参的变化对实参有影响，同步改变。

递归调用就是函数直接或间接调用自身。

Python 使用 lambda 表达式来创建匿名函数（没有函数名，不再使用 def 语句这样标准的形式定义一个函数，而是用一个简单的表达式实现函数功能）。

迭代器是 Python 最强大的功能之一，是一个可以记住遍历位置的对象，是访问集合元素的一种方式。生成器是一类特殊的迭代器，具有惰性求值的特点，适合大数据处理。

习题 5

1. 简答题

(1) 函数的特点与分类。

(2) 函数定义和函数调用。

(3) 不可变类型参数传递与可变类型参数传递有何区别?

(4) Python 匿名函数定义与 def 函数定义有何区别?

(5) 结构化程序设计方法。

2. 判断题

(1) 函数只能通过 return 语句返回值，不能通过参数返回值。(　　)

(2) 函数定义是静态的，只有调用执行才能真正执行函数代码，实现其功能。(　　)

(3) 可变类型参数传递，形参操作就是实参操作，实参与形参同步改变。(　　)

(4) lambda 表达式，即 Python 匿名函数，没有函数名，其主体是一行表达式。(　　)

(5) 迭代器对象从集合的第一个元素开始向后访问，不能逆向访问。(　　)

(6) 函数递归调用，就是直接调用自身。(　　)

(7) 函数调用时传递的参数称之为形参，函数定义时接收数据的参数称之为实参。(　　)

(8) 如果定义和调用函数，函数必须有返回值。(　　)

(9) 闭包变量定义在嵌套的外部函数和内部函数之间。(　　)

3. 分析程序，完善程序或写出程序运行结果

(1) 函数功能：查找返回列表中最大元素的下标。

```
def fun(m):
    max_i = 0;
    n = len(m)
    for iin range(0, n, 1):
        if m[ ________ ]< m[i] : max_i = i
    return max_i
```

```
#主程序,函数调用
m=[101,505,707,202,606,303,909,404,808]
max_i=fun( ____ )
print("最大元素:", m[max_i], ",下标为:", max_i)
```

(2) 函数功能:查找返回列表中最大元素的下标。

```
def fun(name, city='沈阳'):
    print("%s, %s"%(name, city))
    return
#主程序,函数调用
name='端端'
fun(name)
```

4. 编写程序

(1) 编写函数,实现列表 a 与列表 b 对应元素相加放入 c 列表中,在主程序中输出 c 列表。

(2) 随机产生 10 个 40 到 90(包括 40,90)之间的正整数:编写函数计算平均值;编写函数查找最大值。

(3) 用递归函数计算斐波那契数列 0,1,1,2,3,5,8,…的前 n 项。

(4) 编写函数,计算圆的周长和面积,周长通过函数返回主函数,面积由参数传递给主程序。

(5) 编写函数,将字符串中小写字母转换成大写字母,在主程序输出转换后的字符串。

第 6 章

Python 面向对象程序设计

学习导读

主要内容

当传统的面向过程结构化程序设计越来越难以满足日益复杂的软件开发和维护的需求时,面向对象的程序设计技术应运而生。Python 是面向对象的解释型高级动态编程语言,完全支持面向对象的程序设计思想和方法。本章主要介绍 Python 面向对象程序设计的基本概念、特点、类和对象的定义、继承和派生、多态性等内容。

学习目标

- 掌握类、派生类的定义和构造方法;
- 掌握对象的声明和使用方法;
- 了解不同访问权限的成员的访问方式;
- 掌握面向对象程序设计编程的基本方法;
- 熟悉不同继承方式下派生类对基类成员的访问控制。

重点与难点

重点:类的定义、派生类的定义、实现多态性的方法。

难点:继承、派生和多态性应用。

6.1 面向对象程序设计的概念

在第 4 章和第 5 章中介绍的面向过程的程序设计方法是用函数来实现对数据的操作的,且往往把描述某一事物的数据与处理数据的函数分开。这种方法的缺点是:当描述事物的数据结构发生变化时,处理这些数据结构的函数必须重新设计和调试。

- 重点:如何实现细节过程,将数据与函数分开。
- 形式:主模块+若干个子模块(主程序+函数)。
- 特点:自顶向下,逐步求精——功能分解。
- 缺点:效率低,程序的可重用性差。

面向对象的程序设计思想:

- 目的:实现软件设计的产业化。
- 观点:自然界是由实体(对象)所组成的,每种对象都有各自的属性和行为,不同对象之间的相互作用和联系构成了不同的系统。
- 程序设计方法:使用面向对象的观点来描述模仿并处理现实问题。

- 要求:高度概括、分类、抽象。
- 特点:支持抽象、封装、继承和多态性。
- 优点:实现设计代码复用,大幅缩短开发周期,减少开发成本。

6.1.1 面向对象的基本概念

1. 对 象

现实世界的实体,每个对象都有所属的类。

通俗地,对象就是现实世界中某个实际存在的事物,他可以是有形的(如一辆汽车),也可以是无形的(如一项计划)。对象是构成世界的一个独立单位,万物皆对象。每个对象都具有静态特征和动态特征。

在面向对象方法中,对象是系统中用来描述客观事物的一个实体,是构成系统的基本单位。一个对象由一组属性和对这组属性进行操作的一组服务构成。其中属性是用来描述对象静态特征的一个数据项,服务是用来描述对象动态特征的一个操作序列。

描述对象的四个主要元素:

① 对象的名称:对对象的命名,如"学生"。

② 属性:用来描述对象的状态特征,如"学生"对象的属性有姓名、出生日期、性别、体重、爱好等。

③ 操作:对象的行为,其分为两类:一类是在对象接收外界消息触发后引起的自身操作,这种操作的结果是修改了对象自身的状态;另一类是对象施加于其他对象的操作,这是指对象将自己产生的输出作为消息向外发送。

④ 接口:主要指对外接口,用来定义对象与外界的关系和通信方式。接口是指对象受理外部消息所指定的操作的名称集合。

2. 类

对一组对象共同具有的属性和行为的抽象,具有封装和隐藏性,还具有继承性。

类是具有相同属性、状态和操作的对象的集合,是对对象的抽象。在面向对象的方法中,可以由类产生出实例。实例就是由类建立起来的具体对象,如把"学生"作为一个类,那么姓名"梦桐"就是学生类的一个实例。

类具有层次性,可以由一个类派生出多个子类,如"羊"是一个类,它可以派生出"山羊""绵羊"等多个子类。子类具有父类所有的数据和方法。同时,子类也可以扩展自身的方法。

3. 消 息

向某对象请求服务的一种表达方式,是对象与外界、对象与其他对象之间联系的工具。

消息是对象之间进行通信的一种数据结构。对象之间是通过传递消息来进行联系的。消息用来请求对象执行某一处理或提供某些信息的要求,控制流和数据流统一包含在消息中。某一对象在执行相应的处理时,如果需要,它可以通过传递消息请求其他对象完成某些处理工作或提供某些信息;其他对象在执行所要求的处理活动时,同样可以通过传递消息与其他的对象联系。因此,程序的执行是靠对象间传递消息来连接的。

4. 方 法

类似于函数的实体,是对某对象接收消息后所采取的操作的描述。

6.1.2 面向对象程序设计的特点

面向对象程序设计具有以下特点：

1. 抽　象

抽象是人类认识问题的最基本手段之一。面向对象方法中的抽象，是指对具体问题（对象）进行概括，提取一类对象的公共性质并加以描述的过程。

- 先注意问题的本质及描述，其次是实现过程或细节。
- 数据抽象：描述某类对象的属性或状态（对象相互区别的物理量）。
- 代码抽象：描述某类对象的共有的行为特征或具有的功能。
- 抽象的实现：通过类的声明。

抽象就是忽略一个主题中与当前目标无关的那些方面，以便更充分地注意与当前目标有关的方面。抽象并不打算了解全部问题，而只是选择其中的一部分，暂时不用部分细节。比如，我们要设计一个学生成绩管理系统，考察学生这个对象时，我们只关心他们的班级、学号和成绩等，而不用去关心他的身高、体重这些信息。

2. 封装性

将抽象出的数据成员、成员方法（函数）相结合，将它们视为一个整体。

- 目的：是曾强安全性和简化编程，使用者不必了解具体的实现细节，而只需要通过外部接口，以特定的访问权限，来使用类的成员。
- 实现封装：类声明中的数据成员和成员方法（函数）。

Python 中，通过类和对象实现对数据的封装，使得程序的修改维护更方便。是 OOP 的基础。

封装即信息隐藏。把对象的属性和服务结合成一个独立的系统单位，并尽可能隐藏对象的内部细节。封装是面向对象方法的一个重要原则。它有两方面的含义：一方面是把对象的全部属性和服务结合在一起，形成一个不可分割的独立单位；另一方面是尽可能隐藏对象的内部细节，对外形成一个边界，只保留有限的接口与外界联系。封装的信息隐藏作用反映事物的相对独立性，当我们站在对象以外的角度观察一个对象时，只需注意“做什么”，不必关心“怎么做”。

封装的原则在软件上的反映是要求对象以外的部分不能随意存取对象内部的数据（属性），从而有效地避免了外部错误对它的影响，使软件错误能够局部化，因而大大减少了查错和排错的难度。而且，由于对象只通过少量的服务接口对外提供服务，所以对象内部的修改对外部的修改也很小。

3. 继承性

连接类与类的层次模型，利用现有类派生出新类的过程称为类继承，支持代码重用，提供了无限重复利用程序资源的途径，节省程序开发的时间和资源，是 OOP 的关键。

继承性允许程序员在保持原有类特性的基础上，进行更具体的说明。

实现：声明派生类。

继承是指能够直接获取已有的性质和特征，而不必重复定义它们。继承体现了一种共享机制。意味着在子类中不必重新定义在它的父类中已经定义过的结构、操作和约束，它能够自动、隐含地拥有在其父类中的所用属性。

继承的意义在于它简化了人们对事物的认识和描述，极大程度地减少了程序设计和程序实现中的重复性。比如说，所有的 Windows 应用程序都有一个窗口，它们可以看作都是从一个窗口类派生出来的。但是有的应用程序用于文字处理，有的应用程序用于绘图，这是由于派生出了不同的子类，各个子类添加了不同的特性。

4. 多态性

发出同样的消息被不同类型的对象接收时导致完全不同的行为，是 OOP 的重要补充。

- 多态：同一名称，不同的功能实现方式。
- 目的：达到行为标识统一，减少程序中标识符的个数。

对象的多态性是指在父类中定义的结构、操作和约束被子类继承之后，可以具有不同的数据类型和表现出不同的行为。多态性机制不仅增加了面向对象软件系统的灵活性，进一步减少了信息的冗余，而且显著提高了软件的可重用性和可扩充性。

6.2 类的定义与使用

在 Python 语言中，类是实现设计复用和代码复用的重要方法，封装、继承和多态是面向对象程序设计的重要特性。

现实世界对象都可以抽象数据和函数相结合为一种特殊结构的新数据类型。把具有相同特性(数据)和行为(函数)的对象抽象为类。

- 类的特性通过数据来体现，数据通过类内的局部变量来实现对数据的读/写操作。
- 类的行为通过函数来操作，函数可以实现对类的相关行为的操作。

类的定义与使用：定义类→用类实例化对象→通过“对象名.成员”访问对象的数据成员或成员方法(函数)。

类和对象的关系：数据类型与变量的关系，一个类可以定义创建多个对象，而每个对象只能属于某一个类。类规定用于存储什么数据，而对象用于存储实际数据。

6.2.1 类的定义

类是一种复杂的数据类型，它是将不同类型的数据和与这些数据相关的运算封装在一起的集合体，类的结构是用来确定一类对象的行为，而这些行为是通过类的内部数据结构和相关的操作来确定的。

类结构包括数据成员和成员方法(函数)：

- 数据成员，用变量形式表示对象特征。
- 成员方法，用函数形式表示对象行为(执行某种数据处理功能)。
  - ◇ 内置方法，特定情况下由系统自动调用执行。
  - ◇ 普通方法，通过类的实例对象调用执行。

类的定义形式：

- 直接定义创建新的类。
- 基于一个或多个已有的类定义创建新的类。
- 直接定义创建一个空类，再动态添加属性和方法。

类定义语法格式：

```
class 类名([父类]):
    公共属性…
    #对象的初始化方法(构造方法)
    def __init__(self,…):
        …
    #其他的方法(普通方法)
    def method_1(self,…):
        …
    def method_2(self,…):
        …
    …
```

说明：

① class 是类定义的关键字。

② 类名，Python 语言建议约定类名首字母需要大写，便于代码阅读。

③ __init__构造方法，传递类参数的保留函数，初始化实例相关参数，不能用其他函数代替该函数的作用。

④ __init__(self)的 self 关键字，实例化时，用于传输实例对象。所有实例调用的属性，必须在__init__定义并初始化，并通过 self 传递。self 参数是隐性传递的，在实例化赋值时自动进行。

⑤ method_n(self)，类函数要变成实例可以调用的方法，也必须提供 self 参数。

⑥ 使用 def 关键字来定义一个方法，与一般函数定义不同，类方法必须包含参数 self，且为第一个参数，self 代表的是类的实例。

【例 6-1】 定义一个日期类 CDate。

```
#定义日期类
class CDate():
    def __init__(self, year1, month1, day1):        #构造方法，初始化实例参数，自动调用
        self.year = year1
        self.month = month1
        self.day = day1
    def date_print(self):                            #输出年月日函数，供实例调用
        print("今天是：%d年%d月%d日"%(self.year, self.month, self.day))
```

【例 6-2】 定义一个圆类 Circle。

```
class Circle():                                      #定义圆类
    def __init__(self, x1, y1, r1):                  #构造方法，初始化实例参数，自动调用
        self.x = x1
        self.y = y1
        self.r = r1
    def c_print(self):                               #输出圆心坐标和半径函数，供实例调用
        print("圆心：(%d, %d)半径：%d"%(self.x, self.y, self.r))
    def c_area(self):                                #计算圆面积函数
        return self.r * self.r * 3.14
```

分析：上述定义的 Circle 类实际上也相当于一种新的数据类型，包含了数据和对数据的操作，类体内定义（实现）了三个成员函数。Circle 类将圆的属性（圆心坐标 x、y 和半径 r）和操作（c_print、c_area）封装在一起，其成员描述如表 6－1 所列。

表 6－1　Circle 类成员构成

数据成员		成员函数	
名　称	含　义	名　称	功　能
x	圆心坐标 x 值	__init__	初始化数据成员赋值，自动调用
y	圆心坐标 y 值	c_print	输出 x、y、r 数据成员值
r	圆半径	c_area	计算圆的面积

6.2.2　实例对象定义与对象成员引用

类名仅提供一种类型定义，只有在定义属于类的变量后，系统才会为其预留空间，这种变量称为对象，它是类的实例。

1. 实例对象定义格式

```
实例对象名 = 类名(参数列表)
```

说明：每次定义创建实例对象时，系统都会分配一定的内存区域给实例对象，每次选择的内存通常是不一样的。

2. 实例对象成员引用

- 类外数据成员引用：

```
实例对象名.成员名
```

- 类外成员函数引用：

```
实例对象名.成员名(参数表)
```

- 类中成员互访：

```
self.成员名　或　self.函数(参数表)
```

【例 6－3】　完善例 6－1，定义类 CDate 对象，实现类成员赋值和输出。

```
#定义日期类
class CDate():
    def __init__(self, year1, month1, day1):    #构造方法，初始化实例参数，自动调用
        self.year = year1
        self.month = month1
        self.day = day1
    def date_print(self):                       #输出年月日函数，供实例调用
        print("今天是：%d 年 %d 月 %d 日" % (self.year, self.month, self.day))
#实例化类，访问类的方法
today = PDate(2020, 2, 20)                      #实例化，通过 PDate 类赋值一个实例 today
today.date_print()                              #通过实例 today 调用 date_print()方法
```

执行结果：

```
今天是:2020 年 2 月 20 日
```

【例 6-4】 完善例 6-2，定义类 Circle 对象，实现类成员赋值、计算和输出。

```
class Circle():                                    #定义圆类
    def __init__(self, x1, y1, r1):                #构造方法，初始化实例参数，自动调用
        self.x = x1
        self.y = y1
        self.r = r1
    def c_print(self):                             #输出圆心坐标和半径函数，供实例调用
        print("圆心:(%d, %d)半径:%d" %(self.x, self.y, self.r))
    def c_area(self):                              #计算圆面积函数
        return self.r * self.r * 3.14
#实例化类，访问类的方法
c_x = int(input("圆心坐标 x:"))                    #键盘输入圆心坐标和半径
c_y = int(input("圆心坐标 y:"))
c_r = int(input("圆心半径 r:"))
my_cir = Circle(c_x, c_y, c_r)                     #实例化，定义实例 my_cir
my_cir.c_print()                                   #通过实例 my_cir 调用 c_print()方法
print("圆的面积:%.2f" %(my_cir.c_area()))          #调用 c_area()方法，计算圆的面积并输出
```

执行结果：

```
圆心坐标 x:1
圆心坐标 y:1
圆心半径 r:2
圆心:(1, 1)半径:2
圆的面积:12.56
```

6.2.3 属　性

属性是一种特殊形式的成员方法，兼顾了数据成员访问和成员方法的操作。类中的属性包括类属性和实例属性：

- 类属性，直接在类中定义的属性，可以通过类或类的实例访问，但是只能通过类对象来修改，无法通过实例对象修改。
- 实例属性，通过实例对象添加的属性，只能通过实例对象来访问和修改，类对象无法访问修改。

结合实际应用需求，类中的属性还可以定义为私有属性，属性名以两个下画线(__)开头，在类内可以直接访问，而在类外无法直接访问。但在 Python 中，在类体外也可以实现对私有属性的访问，即在私有属性名前加上_类名即可。

1. 属性值初始化

属性值初始化有两种方法：

- 在构造方法__init__中直接初始化。

● 传递参数初始化。

【例 6-5】 定义圆类 Circle，在构造方法中初始化参数。

```
class Circle():
    def __init__(self):
        self.x = 0; self.y = 0; self.r = 0                  #初始化参数
    def area(self):
        return self.r * self.r * 3.14
#实例化类，访问类的方法
my_circle = Circle()
print("圆的半径:", my_circle.r)                             #输出半径为 0
print("圆的面积:", my_circle.area())                        #输出面积为 0
```

【例 6-6】 定义圆类 Circle，通过实例化对象传递参数初始化。

```
class Circle():
    def __init__(self, x1, y1, r1):
        self.x = x1; self.y = y1; self.r = r1               #参数传递，初始化
    def area(self):
        return self.r * self.r * 3.14
#实例化类，访问类的方法
my_circle = Circle(1, 1, 5)                                 #实例化，参数传递初始化
print("圆的半径:", my_circle.r)                             #输出半径为 5
print("圆的面积:", my_circle.area())                        #输出面积为 15.7
```

2. 属性值修改

属性值修改有两种方法：

● 实例化对象，在类外直接对属性进行修改。

● 实例化对象，通过成员方法对属性进行修改。

【例 6-7】 定义圆类 Circle，实例化对象，在类外直接对属性进行修改。

```
class Circle():
    def __init__(self):
        self.x = 0; self.y = 0; self.r = 0                  #初始化参数
    def area(self):
        return self.r * self.r * 3.14
#实例化类，访问类的方法
my_circle = Circle()
my_circle.r = 5                                             #修改 my_circle 实例半径
print("圆的半径:", my_circle.r)                             #输出半径为 5
print("圆的面积:", my_circle.area())                        #输出面积为 0
```

【例 6-8】 定义圆类 Circle，实例化对象，通过成员方法对属性进行修改。

```
class Circle():
    def __init__(self):
        self.x = 0; self.y = 0; self.r = 0                  #初始化参数
    def set(self, x1, y1, r1):                              #成员方法，修改属性
```

```
        self.x = x1; self.y = y1; self.r = r1
    def area(self):
        return self.r * self.r * 3.14
#实例化类,访问类的方法
my_circle = Circle()
my_circle.set(1, 1, 5)                          #调用 set 成员方法修改属性
print("圆的半径:", my_circle.r)                  #输出半径为 5
print("圆的面积:", my_circle.area())             #输出面积为 15.7
```

【例 6-9】 定义类 Student 对象,实现赋值学生信息和输出学生信息。

```
class Student():                                #定义学生类
    def __init__(self, num1, name1, sex1, age1):#构造方法,初始化实例参数,自动调用
        self.num = num1; self.name = name1; self.sex = sex1; self.age = age1
    score = 0                                   #类属性
    def s_print(self):                          #输出学生信息
        print("学生:%s,%s,%s,%d,%d" % (self.num, self.name, self.sex, self.age, self.score))
#实例化类,访问类的方法
stu = Student("20190601", "梦桐", '女', 20)    #实例化,定义实例 stu
stu.score = 100                                 #类属性赋值
stu.s_print()                                   #通过实例 stu 调用 s_print()方法
```

执行结果:

```
学生:20190601 梦桐女 20 100
```

分析:该程序的功能是对一个学生的属性进行设置并输出。Student 类将学生的属性(学号、姓名、性别、年龄、成绩)和操作(__init__、s_print)封装在一起,但学生成绩 score 以类属性方式定义,其成员描述如表 6-2 所列。

表 6-2　Student 类成员构成

数据成员		成员函数	
名　称	含　义	名　称	功　能
num	学号	__init__	初始化数据成员赋值,自动调用
name	姓名	s_print	输出数据成员值
sex	性别		
age	年龄		
score	成绩		

【例 6-10】 定义一个矩形类 Rectangle,具有计算一个矩形的面积、两个矩形的面积之和,以及输出面积等功能。

```
class Rectangle():                                          #定义矩形类
    def __init__(self,length1 = 0,width1 = 0,s11 = 0,s22 = 0):#构造方法,初始化实例参数
        self.length = length1
        self.width = width1
```

```
        self.s1 = s11
        self.s2 = s22
    def area(self):                             #计算矩形面积
        self.s1 = self.length * self.width
    def addarea(self, r1, r2):                  #计算两个矩形面积之和
        self.s2 = r1.length * r1.width + r2.length * r2.width
    def disp1(self):
        print("矩形长:%d,矩形宽:%d" % (self.length, self.width))
    def disp2(self):
        print("矩形面积:", self.s1)
    def disp3(self):
        print("两个矩形面积之和:", self.s2)
#实例化类,访问类的方法
r1 = Rectangle(4,5); r2 = Rectangle(6,7); r3 = Rectangle()
r1.disp1(); r1.area(); r1.disp2()
r2.disp1(); r2.area(); r2.disp2()
r3.addarea(r1,r2); r3.disp3()
```

执行结果:

```
矩形长:4,矩形宽:5
矩形面积:20
矩形的长:6,矩形的宽:7
矩形面积:42
两个矩形面积之和:62
```

3. 私有属性访问

在 Python 中,私有属性也可以在类体外被访问,其语法格式为:

```
实例化对象._类名__属性名
```

【例 6-11】 定义学生类 Student,包含 name、score 两个属性,用两种方法访问类中私有属性 score。

```
class Student():
    def __init__(self, name1, score1):
        self.name = name1; self.__score = score1       #构造方法,自动执行,初始化实例对象属性
    def display(self):
        print("姓名:%s,成绩:%d" % (self.name, self.__score))
if __name__ == "__main__":
    my_stu = Student("梦桐", 95)                  #实例化,参数传递初始化
    my_stu.display()                              #调用成员方法,实现私有属性访问
    #通过 my_stu._Student__score 实现私有属性访问
    print("姓名:%s,成绩:%d" % (my_stu.name, my_stu._Student__score))
```

执行结果:

```
姓名:梦桐,成绩:95
姓名:梦桐,成绩:95
```

6.2.4 静态成员

静态成员的提出是为了解决数据共享的问题，它比全局变量在实现数据共享时更为安全，是实现同类多个对象数据共享的好方法。在类中，分为静态数据成员和静态成员函数。

- 静态数据成员（变量）和静态成员函数（方法）都属于类的静态成员，只属于定义它们的类，而不属于某个对象（它们与普通的成员变量和成员方法不同）。
- 静态数据成员（变量）和静态成员函数（方法）都可以通过类名和对象进行访问，但二者访问的结果是不同的。

1. 静态数据成员

下面通过程序了解静态数据成员的声明、初始化的位置和限定及具有类对象共享的属性。

【例 6-12】 静态数据成员程序举例。

```
class Tc():
    n = 0                          #静态变量声明
    def __init__(self):
        self.i = 0; self.i + = 1
        Tc.n + = 1
    def display(self):
        print("i = ", self.i, ", n = ", Tc.n)
A = Tc(); B = Tc()                 #创建A时,n的值由0变为1;创建B时,n的值由1变为2
A.display(); B.display()
```

执行结果：

```
i = 1 , n = 2
i = 1 , n = 2
```

分析：本程序利用静态数据成员 n 对对象个数进行了维护，该成员在构造函数__init__()中进行了 n+=1 操作，因为其静态特性，所以在创建对象 A 时，n 的值由 0 变为 1，创建对象 B 时，n 的值由 1 变为 2，从而达到了数据共享的目的。

2. 静态成员函数

静态成员函数是类的成员函数，而非对象的成员，具有类的属性。

静态成员函数声明格式：

```
@staticmethod
def 静态成员函数(参数表)
```

调用形式：

```
类名.静态成员函数名(参数表)
```

或

```
对象.静态成员函数名(参数表)
```

静态成员函数的特点：

- 静态函数(方法),没有默认参数;
- 静态方法中可以通过类名引用静态变量;
- 对非静态数据成员,通过对象引用(通过函数参数得到对象)。

【例 6-13】 静态成员函数(方法)程序举例。

```
class Tc():
    b=1                              #静态变量声明
    def __init__(self, x):
        self.a=x; Tc.b+ =x
    def display(z):
        print("a=", z.a, ", b=", Tc.b)
x=Tc(2); y=Tc(3)                     #创建x时,b的值由1变为3;创建y时,b的值由3变为6
Tc.display(x) ;                      #静态成员函数的调用
Tc.display(y) ;
x.display() ;                        #静态成员函数的调用
x.display() ;
```

执行结果:

```
a= 2 , b= 6
a= 3 , b= 6
a= 2 , b= 6
a= 3 , b= 6
```

分析:上面程序介绍了程序中静态成员函数的调用方式以及静态成员函数中静态数据成员和非静态数据成员的引用方式。通过对象名调用静态方法和通过类名调用静态方法结果相同。

6.2.5 特殊方法

特殊方法支持特殊的功能。在 Python 中,特殊方法都是使用__开头和结尾,一般不需要显示调用,而是在一些特殊情况下会自动调用执行。比如之前的构造方法__init__(),在创建实例对象时会自动调用进行参数初始化,而析构方法__del__(),在释放对象时会自动调用进行清理工作。

Python 支持大量的特殊方法实现特殊的功能,可以通过系统帮助或网址 https://docs.python.org/3/reference/datamodel.html#special-method-names 了解 Python 特殊方法的应用。

【例 6-14】 定义类 PDate 对象,实现类成员赋值和输出,最后释放对象垃圾。

```
#定义日期类
class PDate():
    def __init__(self, year1, month1, day1):      #构造方法,实例化时自动调用
        self.year=year1
        self.month=month1
        self.day=day1
    def __del___(self):                           #析构方法,对象垃圾回收前调用
        print("PDate()对象垃圾被回收删除!", self)
```

```
    def date_print(self):
        print("今天是：%d年%d月%d日"%(self.year, self.month, self.day))
#实例化类,访问类的方法
today = PDate(2020, 2, 20)                          #实例化
today.date_print()
today = None                                        #today 不再引用 PDate()
del today                                           #删除变量 today
```

执行结果：

```
今天是:2020 年 2 月 20 日
PDate()对象垃圾被回收删除！ <__main__.PDate object at 0x022E9650 >
```

说明：在程序中,没有被引用的对象即是垃圾,垃圾对象过多会影响程序的运行性能,所以必须进行垃圾回收,就是将垃圾对象从内存删除。

6.3 继　承

代码重用是面向对象程序设计思想追求的目标之一,而继承和派生正是代码重用的实现机制。

在 Python 语言中,保持已有类的特性而构造新类的过程称为继承。在已有类的基础上新增自己的特性而产生新类的过程称为派生。

继承的目的：实现代码重用。

派生的目的：当新的问题出现,原有程序无法解决(或不能完全解决)时,需要对原有程序进行改造。

6.3.1 基类和派生类

在继承关系中,被继承的类称为基类或父类,通过继承关系新建的类称为派生类或子类。在 Python 中,一个派生类可以从一个基类派生,也可以从多个基类派生。从一个基类派生的继承称为单继承;从多个基类派生的继承称为多继承。

如图 6-1 所示的经济与管理学院组成人员的继承关系,其中,学院组成人员分为教职工和学生,即教职工类和学生类是从学院组成人员类派生出来的,而教师、行政管理人员和教务又是从教职工类派生出来的新类,本科生和研究生则是从学生类派生出的新类。在上述继承关系中,每个派生类只有一个基类,因而都是单继承关系。院长既是教师,又是行政管理人员,因而院长类是从两个类派生而来,是多继承关系。

派生类不完全等同于基类,派生类可以添加自己特有的特性,即可以为派生类增加新的数据成员和成员函数。

派生类还可以重新定义基类中不满足派生类要求的特性,即可以重新定义基类中的成员函数。

在继承关系中,基类的接口是派生类接口的子集,派生类支持基类所有的公有成员函数。

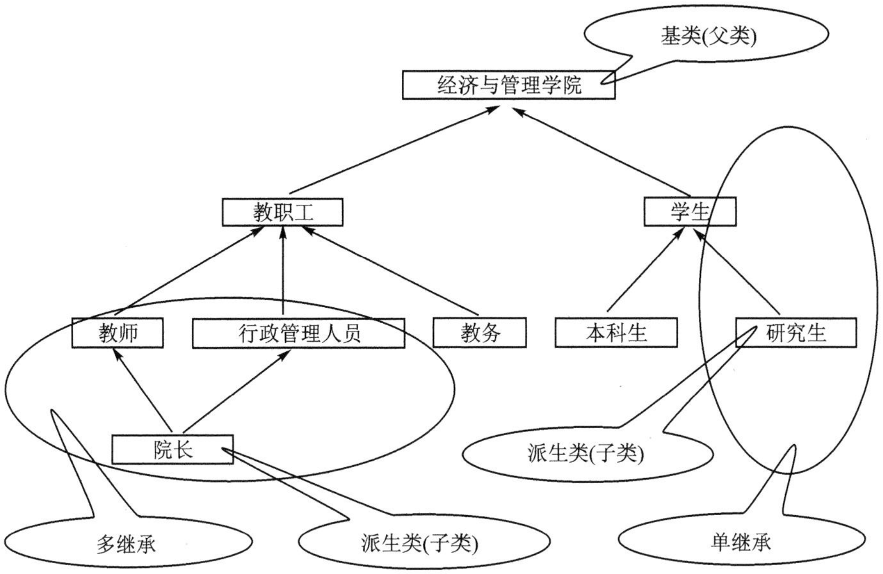

图 6-1 经济与管理学院组成人员的继承关系

6.3.2 单继承

从一个基类派生的继承称为单继承，下面只讨论这种单继承的关系。

比较下面矩形类和长方体类的定义：

```
class Rectangle():                                      #矩形类定义
    def __init__(self, length1, width1):                #构造方法,初始化实例参数
        self.length = length1
        self.width = width1
    def disp(self):
        print("矩形长：%d,矩形宽：%d" %(self.length, self.width))
#长方体类定义
class Cuboid():
    def __init__(self, length1, width1, height1):       #构造方法,初始化实例参数
        self.length = length1; self.width = width1
        self.height = height1
    def disp1(self):
        print("长方体的长：%d,宽：%d,高：%d" %(self.length, self.width, self.height))
```

分析：长方体类 Cuboid 定义中的许多信息都与矩形类 Rectangle 定义相同，只是该类中增加了一个新的数据成员 height(长方体的高)及对该成员的输出。那是否可以考虑，避免代码的重复编写，定义长方体类时使用已有的矩形类成员呢？答案是肯定的，利用面向对象程序设计的继承机制，将长方体类定义为矩形类的派生类。

1. 派生类的定义与继承方式

单继承派生类的定义语法格式：

```
class 派生类名(基类名 1,基类名 2,…,基类名 n):
    派生类新定义成员
```

说明:

① 继承方式有三种:public(公有继承)、private(私有继承)和 protected(保护继承)。

② 在派生过程中,派生类同样可以作为新的基类继续派生。

③ 继承关系不允许出现循环,即在派生过程中不允许出现 A 类派生 B 类,B 类派生 C 类,C 类又派生 A 类。

④ 基类名 n,n=1 为单继承,否则为多继承。

public、private 和 protected 是三种常用的继承方式,继承方式的不同决定了派生类对基类成员访问权限的不同,如表 6-3 所列。

表 6-3 派生类的继承关系

基 类	私有成员(private)	公有成员(public)	保护成员(protected)
私有成员(private)	不可访问的成员	私有成员	私有成员
公有成员(public)	不可访问的成员	公有成员	保护成员
保护成员(protected)	不可访问的成员	保护成员	保护成员

不同继承方式的影响主要体现在:派生类成员对基类成员的访问控制;派生类对象对基类成员的访问控制。派生类的继承关系:

① 在公有继承中,只有基类的公有成员才能被派生类对象访问,而基类的公有成员和保护成员均可以被派生类的成员函数访问。

② 在私有继承中,基类中的所有成员都不能被派生类对象访问,但基类的公有成员和保护成员均可以被派生类的成员函数访问,且成为派生类的私有成员,无法继续被继承。

③ 在保护继承中,基类中的所有成员都不能被派生类对象访问,但基类的公有成员和保护成员均可以被派生类的成员函数访问,且成为派生类的保护成员,仍可继续向下继承。

【例 6-15】 利用矩形类派生出长方体类。

```
class Rectangle(object):                              #基类继承 object
    def __init__(self, length1, width1):              #构造方法,初始化实例参数
        self.__length = length1
        self.__width = width1
    def disp(self):
        print("长:%d,宽:%d" % (self.__length, self.__width))
#派生类长方体定义
class Cuboid(Rectangle):                              #从矩形类派生长方体类
    def __init__(self, length1, width1, height1):     #构造方法,初始化实例参数
        super(Cuboid, self).__init__(length1, width1) #调用基类同名成员函数设置数据成员
        self.__height = height1
    def disp(self):
        super(Cuboid, self).disp()                    #调用基类成员函数输出基类成员
        print("高:%d" % (self.__height))
#主程序
```

```
print("基类矩形的长和宽:")
my_rectangle = Rectangle(6, 7)              # 创建基类对象 my_rectangle
my_rectangle.disp()
print("子类长方体的长、宽和高:")
my_cuboid = Cuboid(3,4,5)                   # 创建派生类对象 my_cuboid
my_cuboid.disp()
```

执行结果:

```
基类矩形的长和宽:
长:6,宽:7
子类长方体的长、宽和高:
长:3,宽:4
高:5
```

分析:在派生类长方体类 Cuboid 中可以访问基类 Rectangle 中的成员函数 disp()和 __init__()。那基类中的私有数据成员是否能被派生类成员函数所访问呢?答案是否定的。请同学自己分析。

【例 6-16】 修改完善例 6-15 中矩形类和长方体类,使长方体类具有计算长方体体积的功能。

分析:若要在派生类 Cuboid 中再增加一个成员函数 volume,用以计算长方体的体积,则该成员函数能否如下实现:

```
defvolume(self):
    returnself.__length * self.__width * self.__height
```

答案是否定的,因为 length、width 是 Rectangle 类的私有成员,所以不能被派生类直接访问。那如何在派生类中使用基类中的私有成员呢?下面代码很好地解决了这个问题。

```
class Rectangle(object):                                # 基类定义
    def __init__(self, length1, width1):                # 构造方法,初始化实例参数
        self.__length = length1
        self.__width = width1
    def disp(self):
        print("长:%d,宽:%d" % (self.__length, self.__width))
    def getarea(self):
        return self.__length * self.__width
# 派生类长方体定义
class Cuboid(Rectangle):                                # 从矩形类派生长方体类
    def __init__(self, length1, width1, height1):       # 构造方法,初始化实例参数
        super(Cuboid, self).__init__(length1, width1)   # 调用基类同名成员函数设置数据成员
        self.__height = height1
    def disp(self):
        super(Cuboid, self).disp()                      # 调用基类成员函数输出基类成员
        print("高:%d" % (self.__height))
    def volume(self):
```

```
        self.__s = super(Cuboid,self).getarea()        #调用基类公有函数,获取基类私有成员
        print("长方体体积:",self.__s * self.__height)
#主程序
print("基类矩形的长和宽:")
my_rectangle = Rectangle(6,7)                          #创建基类对象 my_rectangle
my_rectangle.disp()
print("子类长方体的长、宽和高:")
my_cuboid = Cuboid(3,4,5)                              #创建派生类对象 my_cuboid
my_cuboid.disp()
my_cuboid.volume()
```

执行结果:

```
基类矩形的长和宽:
长:6,宽:7
子类长方体的长、宽和高:
长:3,宽:4
高:5
长方体体积: 60
```

分析:getarea 函数的返回值分别为矩形的面积,为派生类 Cuboid 能使用矩形面积提供了接口,即通过派生类访问基类公有成员函数,获取基类私有数据成员。

在公有继承中,只有基类的公有成员才能被派生类对象访问,而基类的公有成员和保护成员均可以被派生类的成员函数访问。

2. 派生类的构造函数和析构函数

- 派生类构造函数的调用顺序为先基类,后派生类。
- 派生类析构函数的执行顺序为先派生类,后基类。

【例 6-17】 分析派生类和基类构造函数、析构函数的调用顺序。

```
class Animal(object):
    def __init__(self):
        print("Animal 构造函数被调用!")
    def __del__(self):
        print("Animal 析构函数被调用!")
class Giraffe(Animal):
    def __init__(self):
        super(Giraffe, self).__init__()
        print(" Giraffe 构造函数被调用!")
    def __del__(self)
        print(" Giraffe 析构函数被调用!")
        super(Giraffe, self).__del__()
#主程序
my_giraffe = Giraffe()
my_giraffe = None
del my_giraffe
```

执行结果：

```
Animal 构造函数被调用!
Giraffe 构造函数被调用!
Giraffe 析构函数被调用!
Animal 析构函数被调用!
```

分析:在派生类构造函数调用前,自动调用基类构造函数;在派生类析构函数调用后,自动调用基类析构函数。

本章小结

本章比较详细地介绍了面向对象程序设计中的基本概念、特点、类和对象的定义、对象成员的引用、特殊方法和继承等相关知识。

类和对象构成了面向对象程序设计的核心。对象是类的实例,类是实现数据封装和抽象的工具。

- 类的特性通过数据来体现,数据通过类内的局部变量来实现对数据的读/写操作。
- 类的行为通过函数来操作,函数可以实现对类的相关行为的操作。

类的定义与使用:定义类→用类实例化对象→通过“对象名.成员”访问对象的数据成员或成员方法(函数)。

类和对象的关系:数据类型与变量的关系,一个类可以定义创建多个对象,而每个对象只能属于某一个类。类规定用于存储什么数据,而对象用于存储实际数据。

类结构包括数据成员和成员方法(函数):

- 数据成员,用变量形式表示对象特征。
- 成员方法,用函数形式表示对象行为。

类的定义形式:直接定义创建新的类;基于一个或多个已有的类定义创建新的类;直接定义创建一个空类,再动态添加属性和方法。

继承和派生是代码重用的实现机制。继承包括单继承和多继承,派生类(子类)继承了基类的数据成员和成员方法。

习题 6

1. 判断题

(1) 面向对象程序设计的特点:支持抽象、封装、继承和多态性。(　　)

(2) 属于对象的数据成员主要在构造方法__init__()中定义。(　　)

(3) 所有实例方法都必须至少有一个 self 参数,self 参数代表当前对象。(　　)

(4) 属于类的数据成员不在成员方法中定义,是该类所有对象共享的,不属于任何对象。(　　)

(5) 一个派生类可以作为另一个派生类的基类。(　　)

(6) 在公有继承中,基类的公有成员将成为其派生类的公有成员。(　　)

(7) 静态方法和类方法都可以通过类名和对象名调用。(　　)

(8) 以 cls 作为类方法的第一个参数,表示该类自身。(　　)

(9) 派生类可以继承父类的公有成员,但是不能继承其私有成员。(　　)

(10) 在子类中调用父类方法,可以使用 super()或"基类名.方法名()"的方式实现。(　　)

2. 编写程序

(1) 定义一个点类 point,具有特征描述及输出功能。

(2) 继承点类 point,派生一个圆类,实现特征描述及输出功能。

(3) 定义一个楼房类,具有特征参数设置、计算总面积、总费用的功能。

第 7 章

Python 文件

学习导读

主要内容

存储在各种存储设备上的文件具有长久保存、重复使用和随时读/写的优点，为编写数据读取和处理的程序带来很大的帮助。本章主要介绍 Python 中文件的概念、文件分类和文本文件与二进制文件的基本操作方法等内容。

学习目标

- 了解文件的概念及分类；
- 熟练掌握文件的基本操作。

重点与难点

重点：文件的基本操作方法。

难点：在不同的情况下，灵活应用文件的读/写方式完成对数据的存储和读取。

7.1 文件概述

各种类型文件(文本、音频、视频、图像、数据库和 exe 可执行文件等)都以不同的文件形式结构存储在外部介质上。本章主要介绍以文本形式和二进制形式存储的数据文件的读/写操作。

7.1.1 文件概念

文件是程序设计中的一个非常重要的概念。概括地说，"文件"是指存储在外部介质(如硬盘、U 盘、光盘、云盘等)上数据的集合。如果想对某个文件进行读取或写入操作，需要先找到该文件所在的文件夹才能对它进行访问，文件在访问时会被调入到内存中。

Python 语言把文件看成是由字符顺序排列组成。根据数据的组成形式，文件可分为文本文件和二进制文件。文本文件是把每个字符的 ASCII 码存储到文件中；二进制文件是把数据在内存中的二进制形式原样存储到文件中。例如，定义为 int 类型的整数 123 456，在文本文件中存放会占 6 个字节，因为每个字符占一个字节，即按照'1''2''3''4''5''6'的 ASCII 码进行存储，如图 7－1 所示；若在二进制文件中存放会占 4 个字节，因为 int 类型的数据在内存中占 4 个字节，如图 7－2 所示。

对于文本文件来说，数据的存储量较大，并且需要花费内存中存储的二进制形式和文件的 ASCII 码之间的相互转换时间，但是便于对字符进行逐个操作；对于二进制文件来说，数据存

00110001	00110010	00110011	00110100	00110101	00110110
‘1’ (ASCII码49) 二进制表示	‘2’ (ASCII码50)	‘3’ (ASCII码51)	‘4’ (ASCII码52)	‘5’ (ASCII码53)	‘6’ (ASCII码54)

图 7－1　整数 123 456 在文本文件中存储

00000000	00000001	11100010	01000000

图 7－2　整数 123 456 在二进制文件中存储

储量小，节省空间和转换时间，但是不能直接输出字符形式，用记事本打开时不能直接显示，也不能通过键盘更改二进制数据。二进制文件常用于存放程序的中间结果，有待后续程序读取。

ANSI C 标准采用缓冲文件系统对文件进行处理。系统在内存区中为每个正在使用的文件开辟一个缓冲区，从内存向磁盘写文件需要先将数据送到缓冲区中，待缓冲区满了才一起写进文件里，若从磁盘向内存读文件，则一次从磁盘读入一批数据存入缓冲区，再逐个地将数据由缓冲区送到程序的变量中，如图 7－3 所示。

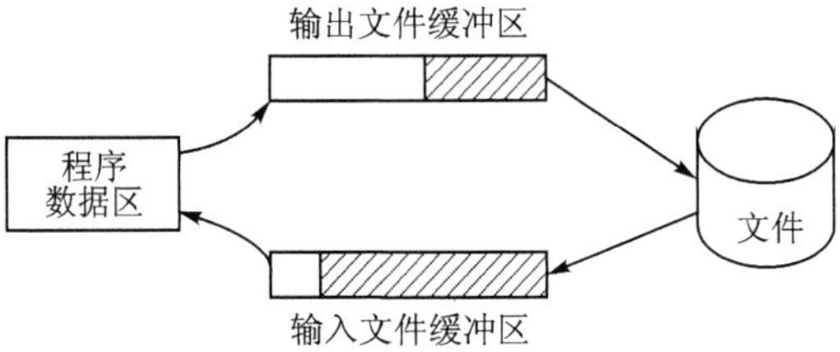

图 7－3　缓冲文件系统的文件处理过程

7.1.2　文件分类

文件是存储在外部介质上的数据的集合。在实际应用中，文件可以按介质、内容和组织形式等划分，其中：

- 按文件内容划分：源程序文件、数据文件；
- 按组织形式划分：文本文件和二进制文件。

在编程处理实际问题的时候，经常遇到反复处理大量的数据信息的要求。为避免重复劳动、增大修改程序的难度，我们可以采用文件存储的方式。将需要处理的信息存储在文本文件或二进制文件中，需要时从文件中读取，修改后可再次存储到文件中供下次使用。文件存储在磁盘中，具有长期保留，随时读/写的优点。

7.2　文件的基本操作

对文件的操作一般分为三个步骤：打开文件并创建文件对象（相当于 C 语言中的文件指针）、读/写文件、关闭并保存文件内容。在 Python 语言中，文件操作都是由函数来完成的。

7.2.1　文件的打开

在对文件读/写之前，需要将文件进行打开操作。Python 用内置函数 open()函数来实现打开文件。open 函数的原型为：

```
open(filename, mode)
```

说明：

① 参数 filename 表示需要打开的文件名，可以包含文件所在的路径，实参应为用引号括起来的字符串；

② 参数 mode 表示打开文件的方式，实参也是字符串类型，如表 7-1 所列；

③ 函数的返回值是一个文件对象，通过该文件对象可以对文件进行读/写操作。

表 7-1　文件打开方式

功　能	打开方式		说　明
	文本文件	二进制文件	
读信息	"r"	"rb"	打开一个已存在的文件，否则出错
写信息	"w"	"wb"	指定文件不存在时，建立新文件； 指定文件存在时，删除原文件，重新建立
追加信息	"a"	"ab"	指定文件不存在时，建立新文件； 指定文件存在时，在尾部添加新信息
读/写信息	"r+"	"rb+"	更换读/写操作时不必关闭文件，但要求打开的文件必须存在，否则出错
读/写信息	"w+"	"wb+"	建立文件后先执行写操作，之后才可以从文件开始位置读信息
读/写信息	"a+"	"ab+"	指定文件存在时，可从文件开始位置读取文件内的信息，也可以在文件尾部添加新的信息

文件打开操作如下：

```
fp = open("data.txt","r")
```

说明：表示以读方式打开当前目录下的 data.txt 文本文件，并创建了文件对象 fp。

```
fp = open("d:/Py_Program/ ex.txt","wb")
```

说明：表示以写方式打开 D 盘下 Py_Program 文件夹中的 ex.txt 二进制文件，并创建文件对象 fp。

如果打开文件操作失败，即出现磁盘故障，以读方式打开一个不存在的文件，或是磁盘满了无法建立新文件等原因，常用"try: … except: …"异常处理来避免文件打开失败后继续操作的情况。

```
file = "data.txt"
try:
    fp = open(file,"r")
    文件读操作
except:
    print('打开 %s 文件出错，请检查！'%(f_n))
……
```

7.2.2 文件的关闭

当读/写完文件之后，需要将文件关闭，即使文件对象与磁盘文件脱离关系，此后不能再通过该对象对原文件进行操作，保证对文件内容的任何修改都被保存到文件中。关闭文件使用colse()函数，原型为：

```
fp.close()
```

说明：fp 为文件对象。

提示：文件读取操作完成后，关闭文件是一项重要的操作。

- 因为向文件中写数据时，先将数据送到缓冲区中，待缓冲区满了才一起写进文件里，若缓冲区未满而结束程序的话，会丢失缓冲区中的数据，若使用 close()函数关闭文件则可以将缓冲区中剩余的数据写入文件后才释放文件指针，避免了丢失数据的问题。
- 为避免文件无法正常关闭，即程序中有 fp.close()代码，如果在文件关闭之前发生错误而导致程序不能正常执行，无法正常关闭文件等问题，使用上下文管理语句 with 关键字，保证文件正常关闭。with 语句语法格式：

```
with open(filename, mode) as fp:
    通过文件对象 fp 读写文件内容语句
```

7.2.3 文件的读/写

文件的读/写操作，就是改变之前的输入(键盘输入)输出(屏幕输出)方向，从文件中读出数据或将数据存储到文件之中。

“写”文件，将数据从内存输出到磁盘文件(之前或许屏幕输出)。

“读”文件，从数据文件中将所要的数据输入到内存(之前或许键盘输入)。

文件读/写操作命令：

- fp.readline()会从文件中读取单独的一行。如果返回一个空字符串，则说明已经读取到最后一行。
- f.readlines()将返回该文件中包含的所有行。如果设置可选参数，则读取指定长度的字节，并且将这些字节按行分割。
- fp.read()为了读取一个文件的内容，调用 f.read(size)，这将读取一定数目的数据，然后作为字符串或字节对象返回。
- 迭代一个文件对象然后循环遍历读取每行。
- fp.write(string)将 string 写入到文件中，然后返回写入的字符数。

读/写文件方式包括：顺序读/写方式和随机读/写方式。文本文件和二进制文件的读/写操作将在下面详细介绍。

7.2.4 文件路径操作

应用程序执行、文件的读/写和数据库的查询等正常操作，无不与文件路径有关。Python 的 os 模块为其路径操作提供了相关的功能支持。常用的文件路径相关操作函数如表 7－2 所列。

表 7 - 2　常用文件路径操作函数

函　数	功能说明
os. getcwd()	获取当前工作目录
os. sep	获取当前系统平台的路径分隔符
os. listdir(path)	获取 path 路径下的所有文件和目录的名字,默认当前路径
os. mkdir(path)	创建 path 中最后一个目录,上一级目录必须存在
os. mkdirs(path)	依次创建 path 中所有不存在的目录
os. rmdir(path)	删除 path 的最后一级空目录
os. removedir(path)	删除 path 的多级空目录
os. path. abspath(path)	获取指定相对路径 path 的绝对路径
os. path. dirname(path)	获取 path 中文件名的路径
os. path. basename(path)	获取 path 中的文件名
os. path. split(path)	获取 path 中分解的路径和目录/文件名
os. path. splitext(path)	获取 path 中文件的扩展名
os. path. split(path, * path)	用系统路径分隔符连接路径
os. path. isfile(path)	判断 path 所指定的目标是否为文件(True/False)
os. path. isdir(path)	判断 path 所指定的目标是否为目录(True/False)
os. path. exists(path)	判断 path 所指定的路径是否存在(True/False)
os. path. isabs(path)	判断 path 所指定的路径是否为绝对路径(True/False)

提示:编写程序应尽量使用相对路径,便于不同机器之间的正常安装和运行。

【例 7 - 1】　路径操作实例。

```
import os                                                # 导入 os 模块
path_dir = os.getcwd()                                   # 获取当前目录 'G:\\python'
os.mkdir(path_dir + os.sep + "python_2020")              # 在当前目录下创建子目录 python_2020
print(os.path.abspath("python_2020")                     # 获取绝对路径 G:\python\python_2020
print(os.path.dirname("g:\\pathon\\stu.txt"))            # 获取文件路径 g:\pathon
print(os.path.dirname("g:\\pathon\\stu.txt"))            # 获取文件名 stu.txt
print(os.path.split("g:\\pathon\\stu.txt"))              # 获取路径和文件名('g:\\pathon', 'stu.txt')
print(os.path.isfile("g:\\pathon\\stu.txt"))             # 判断 stu.txt 文件是否存在(True/False)
print(os.path.exists("g:\\pathon\\python_2020"))         # 判断路径是否存在(True/False)
```

7.3　文本文件基本操作

【例 7 - 2】　将字符串写入文件“string. txt”中。

```
s = "珍惜生命,彼此相爱!"
fp = open("string.txt","w")                    # 以写的方式打开文件,创建文件对象 fp
fp.write(s + "\n")                             # 将字符串写入文件
fp.write("英雄的祖国,英雄的人民! \n 在磨难中成长,从磨难中奋起!")
fp.close()                                     # 关闭文件
```

查看记事本 string. txt 文件，如图 7－4 所示。

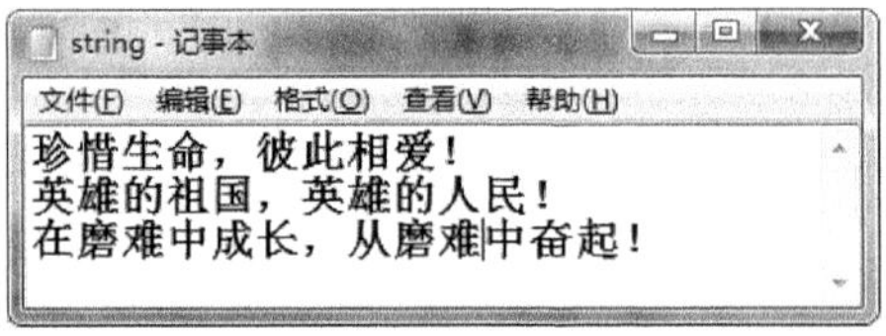

图 7－4　string. txt 文件

【例 7－3】 从例 7－2 文件“string. txt”中读出所有信息并输出。

```
fp = open("string.txt","r")                    # 以读的方式打开文件，创建文件对象
str = fp.read()                                 # 读取文件所有内容
print(str)
fp.close()
```

执行结果：

```
珍惜生命，彼此相爱！
英雄的祖国，英雄的人民！
在磨难中成长，从磨难中奋起！
```

【例 7－4】 从例 7－2 文件“string. txt”中读出所有行的信息并输出。

```
fp = open("string.txt","r")
str = fp.readlines()                            # 读取所有行，存入列表
print(str)
fp.close()
```

执行结果：

```
['珍惜生命，彼此相爱！\n', '英雄的祖国，英雄的人民！\n', '在磨难中成长，从磨难中奋起！']
```

【例 7－5】 从例 7－2 文件“string. txt”中读出所有信息并输出。

```
fp = open("string.txt","r")
for line in fp:                                 # 迭代一个文件对象，然后遍历读取每行输出
    print(line, end = "")
fp.close()
```

执行结果：

```
珍惜生命，彼此相爱！
英雄的祖国，英雄的人民！
在磨难中成长，从磨难中奋起！
```

【例 7－6】 从例 7－2 文件“string. txt”中读出单行信息并输出。

```
fp = open("string.txt","r")
str = fp.readline()                             # 从文件中读出第 1 行信息
print(str,end = "")
str = fp.readline()                             # 从文件中读出第 2 行信息
```

```
    print(str,end = "")
    str = fp.readline()                              #从文件中读出第 3 行信息
    print(str,end = "")
    fp.close()
```

执行结果：

```
珍惜生命,彼此相爱!
英雄的祖国,英雄的人民!
在磨难中成长,从磨难中奋起!
```

【例 7-7】 从键盘输入字符串,将其中的大写字母转换为小写字母后存储到文件"string.txt"中,然后将存入文件中的小写字符串读出进行屏幕输出。

```
str = input("输入字符串:")
str_n = len(str)
with open("string.txt","w")as fp:                  #将文件以写的方式打开,创建文件对象
    for ch in str:                                 #/循环遍历字符串
        if ch >= 'A' andch <= 'Z':
            ch = char(ord(ch) + 32)                #大写字母转换为小写字母
        fp.write(ch)                               #将字符写入文件
fp.close()
with open("string.txt","r")as fp:                  #将文件以读的方式打开,创建文件对象
    str = fp.read()
    print("屏幕输出:", str)
fp.close()
```

打开的 string.txt 文件如图 7-5 所示。

执行结果：

```
输入字符串:THIS IS A TEST FILE PROGRAM
```

图 7-5　写入字符串的文本文件

```
屏幕输出:this is a test file program
```

【例 7-8】 将一个文件中的内容复制到另一个文件中。

```
infile = input("请输入源文件名称:")
outfile = input("请输入目标文件名称:")
with open(infile, "r")as fpin:                     #以读的方式打开源文件
    with open(outfile, "w")as fpout:               #以写的方式打开目标文件
        fpout.write(fpin.read())                   #读出源文件所有内容并写入目标文件
        print("文件复制成功!")
    fpout.close()
fpin.close()
```

执行结果：

```
请输入源文件名称:file1.txt
请输入目标文件名称:file2.txt
文件复制成功!
```

源文件和目标文件如图 7-6 和图 7-7 所示。

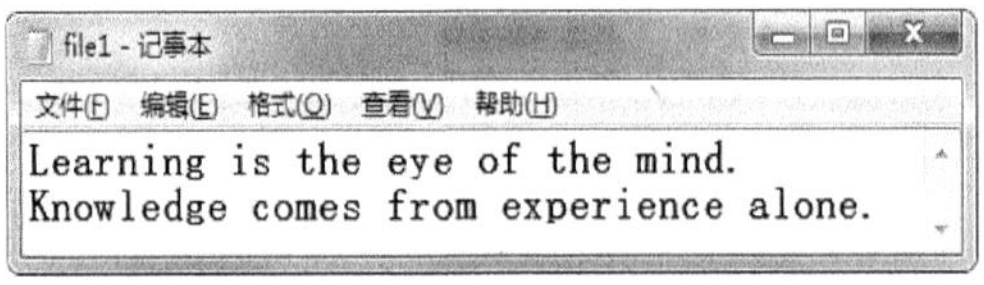

图 7-6　源文件

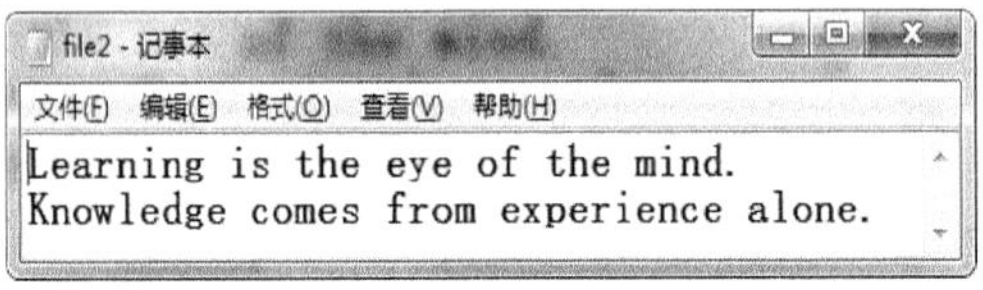

图 7-7　目标文件

【例 7-9】 将学生成绩字典信息写入文件中,要求将第奇数个学生的数据读出并显示。

```
s_dic = {"梦桐":98, "端端":99, "欣鑫":97}
with open("g:/test_py/score.txt","w") as fp:          # 打开 g 盘 test_py 文件夹下的文件
    for key in s_dic:
        fp.write(key + ":" + str(s_dic[key]) + "\n")
fp.close()
with open(r"g:\test_py\score.txt","r") as fp:         # 使用原始字符串 r
    n = 1
    for stu_s in fp:
        if n % 2! = 0: print(stu_s,end = "")
        n+ = 1
fp.close()
```

打开的 score.txt 文件如图 7-8 所示。

图 7-8　score.txt 文件

执行结果：

```
梦桐:98
欣鑫:97
```

7.4 二进制文件基本操作

Python 对二进制文件的读/写以字节为单位。由于二进制文件具有一定的逻辑结构,因此二进制文件既适用于顺序读/写,也适用于随机读/写。

7.4.1 随机文件读/写

文件中有一个指向当前读/写位置的位置指针。随机文件即表示该位置指针可以根据需要移动到文件中的指定位置,即可读/写文件中任意位置上的字符。

Python 语言提供了一组用于随机文件读/写的定位函数,如下:

1. seek()函数

原　型:fp.seek(offset, base)

功　能:将位置指针移动到指定的位置。

参　数:fp:表示需要操作的文件对象;

base:位置指针移动的起始点,取值为 0(文件开始)、1(文件当前位置)、2(文件末尾);

offset:表示位置指针相对于起始点的位移量;若值为正数,则表示向文件结尾的方向移动;反之若值为负数,则向文件开头的方向移动。

返回值:移动成功时返回 0;失败时返回 EOF (—1)。

例如:

```
fp.seek(80,0)              //表示将文件指针从文件头向文件尾方向移动 80 个字节
fp.seek( - 20, 1)          //表示将文件指针从当前位置向文件头方向移动 20 个字节
fp.seek(20, 1)             //表示将文件指针从当前位置向文件尾方向移动 20 个字节
fp.seek( - 100,2)          //表示将文件指针从文件尾向文件头方向移动 100 个字节
```

说明:seek()函数一般用于二进制文件,因为文本文件要进行字符转换,所以有时计算的位置会出现混乱或错误。

2. tell()函数

原　型:fp.tell()

功　能:得到 fp 所指向的文件中当前位置指针相对于文件头的位移量。

返回值:获取成功时返回当前读/写的位置。

【例 7 - 10】 从文件的头、尾和当前位置读取一定字节的数据并输出。

```
fp = open("p.txt","wb")                   #以二进制写的方式打开文件
fp.write(b"0123456789abcdefghij")
fp.close()
fp = open("p.txt","rb")                   #以二进制读的方式打开文件
fp.seek(3,0)                              #从文件头开始向文件尾方向移动 3 个字节
print(fp.read(2))                         #输出 b'34'
fp.seek(2,1)                              #从文件当前位置向文件尾方向移动 2 个字节
print(fp.read(3))                         #输出 b'789'
n = fp.seek( - 3,2)                       #从文件尾开始向文件头方向移动 3 个字节
```

```
print(fp.read(2))                  #输出 b'hi'
fp.close()
```

执行结果：

```
b'34'
b'789'
b'hi'
```

7.4.2 使用 Python 标准库读/写二进制文件

Python 标准库 pickle、struct、shelve、marshal 等均提供相应方法支持二进制文件的读/写操作。

- 标准库 pickle 和 marshal 均提供 dump()方法用于将信息序列化写入二进制文件，load()方法用于读取二进制文件中数据进行反序列化，还原为原来的信息。
- 标准库 struct 提供 pack()方法用于将信息序列化，再通过 write()方法写入二进制文件。read()方法用于读取二进制文件中数据，再通过 unpack()方法进行反序列化，还原为原来的信息。
- 标准库 shelve 提供字典赋值式的将信息写入二进制文件，字典元素访问式的读取二进制文件内容。

【例 7-11】 使用标准库 pickle 将两个班级学生成绩字典信息写入二进制文件中，然后读出学生成绩并输出。

```
import pickle                                   #导入标准库 pickle
s_dic1 = {"梦桐":98, "端端":99, "欣鑫":97}
s_dic2 = {"梓萌":95, "潇潇":93, "娇娇":97}
s_tuple = (s_dic1, s_dic2)                      #将成绩字典作为元组元素
with open("score.dat","wb") as fp:              #以写的方式打开二进制文件
    pickle.dump(len(s_tuple), fp)               #序列化元组长度并写入文件
    for item in s_tuple:                        #循环遍历元组
        pickle.dump(item, fp)                   #序列化数据并写入文件
fp.close()
with open("score.dat","rb") as fp:              #以读的方式打开二进制文件
    n = pickle.load(fp)                         #读出并反序列化文件中数据的数量
    for i in range(n):
        print(pickle.load(fp))                  #读出、反序列化数据、输出
fp.close()
```

打开的 score.dat 文件如图 7-9 所示。

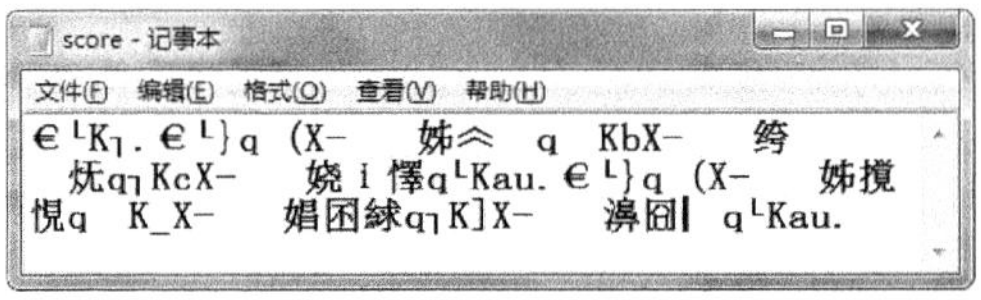

图 7-9 score.dat 文件

执行结果：

```
{'梦桐': 98, '端端': 99, '欣鑫': 97}
{'梓萌': 95, '潇潇': 93, '娇娇': 97}
```

【例 7-12】 使用标准库 marshal 将三个班级学生成绩字典信息写入二进制文件中，然后读出输出每个班级学生成绩和最高成绩。

```
import marshal                                         #导入标准库 marshal
s_dic1 = {"梦桐":98, "端端":99, "欣鑫":97}
s_dic2 = {"梓萌":95, "潇潇":93, "娇娇":97}
s_dic3 = {"晓雪":93, "晓晓":91, "晓薇":90}_
s_list = ["s_dic" + str(i) for i in range(1,4)]          #将成绩字典作为列表元素
with open("score.dat","wb") as fp:                       #以写的方式打开二进制文件
    marshal.dump(len(s_list), fp)                        #序列化列表长度并写入文件
    for item in s_list:                                  #循环遍历列表
        marshal.dump(item, fp)                           #序列化数据并写入文件
fp.close()
with open("score.dat","rb") as fp:                       #以读的方式打开二进制文件
    n = marshal.load(fp)                                 #读出并反序列化文件中数据的数量
    for i in range(n):
        s = marshal.load(fp)                             #读出并反序列化文件中的数据
        print(s)                                         #输出每个班级学生成绩
        print(str(i) + "班最高成绩:",max([i for i in s.values()]))
fp.close()
```

执行结果：

```
{'梦桐': 98, '端端': 99, '欣鑫': 97}
1 班最高成绩: 99
{'梓萌': 95, '潇潇': 93, '娇娇': 97}
2 班最高成绩: 97
{'晓雪': 93, '晓晓': 91, '晓薇': 90}
3 班最高成绩: 93
```

本章小结

本章比较详细地介绍了文件的概念及分类、文本文件和二进制文件的读/写操作。

根据数据的组成形式，文件分为文本文件和二进制文件。顺序文件是指按照数据流的先后顺序对文件进行操作。随机文件表示文件位置指针可以根据需要移动到文件中的指定位置，即可读/写文件中任意位置上的字符。

二进制文件的读/写操作可以借助 Python 标准库 pickle、struct、shelve 和 marshal 等提供的相应方法，序列化原始数据信息保存到二进制文件中，再从文件中读出反序列化操作恢复原始数据信息。

习题 7

1. 填空题

(1) 使用________可以获取当前系统平台的路径分隔符。

(2) 使用________函数可以获取当前工作目录。

(3) 使用________函数指定相对路径的绝对路径。

(4) 使用________函数获取文件所在目录路径。

(5) 使用________函数获取指定路径的目录名和文件名。

(6) write 方法返回写入文件字符串的字符数,________(包括/不包括)'\n'。

(7) 文本文件读操作:fp. readlines()与 list(fp)________(等价/不等价)。

2. 简答题

(1) 根据数据的组成形式,文件可分为几类,各有什么特点?

(2) 为避免文件不能正常关闭保存数据信息,应该使用什么语句?

(3) 分析不同的文件打开方式对文件操作有什么影响?

(4) 分析二进制文件读/写操作工作原理。

(5) 创建目录,os. mkdir()与 os. makedirs()有何区别?

(6) 编程时,为何尽量使用相对路径。

3. 编写程序

(1) 将 1 到 100 自然数写入文本文件,然后在从文件中读出进行屏幕输出。

(2) 有两个文本文件"a. txt"和"b. txt",分别存储了由小到大排列的 10 个不同整数,要求将这两个文件合并,排序方式不变,将结果写入新文件"c. txt"中。

(3) 文件"number. txt"中存储了一组整数,要求统计并输出文件中正整数、零和负整数的个数。

(4) 文件"english. txt"中存储了一篇英文文章,要求统计该文章中的所有单词的出现次数,并把统计结果保存到新的文件中。

(5) 某文件中的每一行保存的是一个电子邮件的地址,要求判断电子邮件地址的正确性,统计不正确的电子邮件数量并输出。

(6) 文件"character. txt"中存储了一段字符,要求统计其中大写字母、小写字母、数字、空格和其他字符的个数。

(7) 检查 Word 文档的连续重复字,并提示类似的重复字。

第8章 Python异常处理

学习导读

主要内容

程序设计应尽量避免出现运行错误，针对潜在的错误，可以通过异常捕捉处理机制进行响应处理。Python采用不同的异常处理结构尽量处理各种异常错误，防止程序运行中断或崩溃。本章主要介绍异常的概念、异常的常见表现形式、常用的异常处理结构、断言语句与上下文管理语句等。

学习目标

- 了解异常的概念、异常的常见表现形式；
- 掌握常用的异常处理结构；
- 了解断言语句与上下文管理语句在异常处理中的使用。

重点与难点

重点：程序中的问题、捕捉异常和抛出异常。

难点：捕捉异常和抛出异常。

8.1 异 常

为了保证程序正常运行，在程序设计时必须采取异常处理机制。

8.1.1 异常的概念

程序运行时引发检测到的错误称为异常。异常是Python对象，表示一个错误，是一个事件，如果程序中没有对异常进行处理，则程序会抛出异常并停止运行。一般情况下，在Python无法正常处理程序时就会发生异常。

为了保证程序的稳定性和容错性，需要在程序设计时采取异常处理机制，捕获可能的异常并进行处理，以避免异常出现而导致程序意外中断。

8.1.2 异常的表现形式

程序运行时出现的异常分为语法错误和逻辑错误，如下：

- 语法错误，编写的程序不符合编程语言的语法要求。
- 逻辑错误，符合编程语言的语法要求，但执行的数据操作不被系统或当前环境所支持。

程序运行时，除可能发生语法错误和逻辑错误外，还有可能出现因环境不确定性的异常错误而引起的程序中断。

1. 语法错误(低级错误)

在 Python 程序中,如果书写“if x > 90”、“while i < 100”和“for i in range(10)”等结构语句,则 Python 解释器在解释执行时会指出错误信息,因为在其语句后面都缺少“:”,这就是低级语法错误,在程序编写调试时经常出现。

2. 逻辑错误(中级错误)

在 Python 程序中,如果出现:

z=10/0　　(分母为零)
y=x/10　　(x 变量没有定义赋值)
lst=[1,2,3]; print(lst[3])　　(索引下标超界)
s="2020"+ 20　　(类型不匹配)
定义的函数完成字典元素处理,而调用函数传递的是列表实参　　(存在隐形错误)

对于隐形逻辑错误,正常情况下程序运行没有问题,特殊情况下则出现错误。有时隐形逻辑错误已经存在,计算或输出错误的结果,却还没有被发现,这是最可怕的情况。

3. 环境因素(高级错误)

程序运行过程中因环境所带来的不确定性异常的主要表现:

① 尝试打开一个不存在或被破坏或被独占的文件。

② 对文件或数据库进行写操作过程中,投入网络中断,导致数据丢失。

③ 硬件出现故障,导致程序无法正常运行。

④ 数据库系统被破坏,读/写数据出现错误。

⑤ 输入数据类型格式不满足程序要求,导致程序中断等。

无论语法错误、逻辑错误还是环境带来的不确定异常,程序或软件都必须尽量避免出现,否则程序或软件不会有应用空间。

8.1.3 异常处理

如果不想在异常发生时结束程序的运行,就必须捕获异常信息并进行相应的异常处理响应;否则,异常得不到及时处理,程序就不能继续正常运行而提前结束。

异常处理可以使程序更加健壮,具有更高的容错性。

异常处理基本思路:

- 先尝试运行程序代码;
- 没有问题,正常执行;
- 发生错误,尝试捕捉异常并进行处理;
- 无法处理,程序停止运行。

在异常处理机制中,包括两种异常类型:系统异常类型、用户自定义异常。常见的 Python 异常如表 8-1 所列。

表 8-1 常见的 Python 异常

异常	描述
AssertionError	当 assert 语句失败时引发该异常
AttributeError	当访问一个属性失败时引发该异常
ImportError	当导入一个模块失败时引发该异常
IndexError	当访问序列数据的下标越界时引发该异常
KeyError	当访问一个映射对象(如字典)中不存在的键时引发该异常
MemoryError	当一个操作使内存耗尽时引发该异常
NameError	当引用一个不存在的标识符时引发该异常
OverflowError	当算数运算结果超出表示范围时引发该异常
RecursionError	当超过最大递归深度时引发该异常
RuntimeError	当产生其他所有类别以外的错误时引发该异常
StopIteration	当迭代器中没有下一个可获取的元素时引发该异常
TabError	当使用不一致的缩进方式时引发该异常
TypeError	当传给操作或函数的对象类型不符合要求时引发该异常
UnboundLocalError	当引用未赋值的局部变量时引发该异常
ValueError	当内置操作或函数接收到的参数具有正确类型但值不正确时引发该异常
ZeroDivisionError	当除法或求模运算的第 2 个操作数为 0 时引发该异常
FileNotFoundError	当要访问的文件或目录不存在时引发该异常
FileExistsError	当要创建的文件或目录已存在时引发该异常

8.2 异常处理结构

针对程序运行时的各种异常,需要通过异常捕捉语句来实现异常的确定和处理。Python 提供了多种不同形式的异常处理结构:“try…except…”、“try…except…else…”、“try…except…finally…”和“try…except…except…else…”,用于抛出或捕捉异常处理。

8.2.1 try…except…结构

try…except…结构是 Python 异常处理结构中最基本的异常捕捉形式,其语法结构:

```
try:
    语句块 1
except:
    语句块 2
```

说明:

① try 关键字,异常捕捉语句的开始。

② except 关键字,捕捉异常信息。

③ 语句块 1,正常需要执行的语句,包含可能会引发异常(抛出异常)的语句。

④ 语句块 2,捕捉到异常信息,处理异常的代码(异常提示或异常处理)。

抛出异常、捕捉异常处理过程:

① 执行 try 语句,捕捉异常机制开始。

② 执行语句块 1,未出现异常,忽略 except 及语句块 2,代码继续执行。

③ 执行语句块 1,出现异常,终止语句块 1 剩余代码的执行,程序流程转到 except 关键字处。

④ except 关键字捕捉到异常信息,执行语句块 2,异常处理结束。

【例 8-1】 try…except…结构应用实例。

```
while True:
    x = input("请输入整数:")
    try:
        x = int(x)                          #转换为整数,成功继续,否则抛出异常
        print('输入的数据:', x )
        break
        except Exception as e:              #捕捉异常
        print("输入错误!")
```

执行结果:

```
请输入整数:2020boy
输入错误!
请输入整数:2020
输入的数据:2020
```

分析:“x=int(x)”将键盘输入的 x 转换为整数,如果转换成功,输出整数退出循环,结束程序运行;否则抛出异常,except 捕捉异常,输出“输入错误!”。

8.2.2 try…except…else…结构

try…except…else…结构是在异常处理基本结构的基础上增加了 else 子句(没有异常抛出执行的代码),其语法结构:

```
try:
    可能引发异常的代码
except Exception [ as reason ] :
    捕捉异常信息,处理异常的代码
else:
    没有引发异常执行的代码
```

【例 8-2】 try…except…else…结构应用实例。

```
while True:
    x = input("请输入整数:")
    try:
        x = int(x)
        print('输入的数据:', x )
    except Exception as e:
        print("输入错误!")
    else:
        print('输入正确! ', x )
        break
```

执行结果：

```
请输入整数:2020boy
输入错误!
请输入整数:2020
输入的数据:2020
输入正确!
```

分析：当没有异常抛出时，执行 else 子句。

【例 8 - 3】 将字符串写入文件。

```
file = input("请输入一个文件名:")
try:
    fp = open(file, "w")
    try:
        fp.write("共克时艰,中国必胜!")
    except:
        print('文件写失败!')
    else:
        print('文件写成功!')
        fp.close()
except :
    print("打开文件失败!")
```

执行结果：

```
请输入一个文件名:
打开文件失败!
```

8.2.3 try…except…finally…结构

try…except…finally…结构是在异常处理基本结构的基础上增加了 finally 子句(无论有无异常抛出执行的代码)，其语法结构：

```
try:
    可能引发异常的代码
except Exception [ as reason ] :
    捕捉异常信息,处理异常的代码
finally:
    无论是否引发异常均执行的代码
```

【例 8 - 4】 try…except…finally…结构应用实例。

```
def divide(x, y):
    try:
        result = x / y
    except ZeroDivisionError:
        print("分母不能为零!")
    else:
```

```
        print("%d/%d 的结果：%.1f" %(x, y, result))
    finally:                              #无论有无异常，都要执行 finally 子句
        print("程序执行结束!")
if __name__ == '__main__'
    divide(6,2)
    divide(6,0)
```

执行结果：

```
6/2 的结果:3.0
程序执行结束!
```

执行结果：

```
分母不能为零!
程序执行结束!
```

分析:捕捉到异常,执行 except 子句;没有抛出异常,执行 else 子句;无论是否引发异常,均执行 finally 子句。

8.2.4 try…except…except…else…结构

在异常处理机制中,Python 提供了可以捕捉多种异常的异常处理结构,其语法结构：

```
try:
    可能引发异常的代码
except Exception_1 :
    处理异常类型 1 的代码
except Exception_2 :
    处理异常类型 2 的代码
⋮
else:
    没有引发异常执行的代码
```

抛出异常、捕捉异常处理过程：

一旦 try 子句抛出异常,就按顺序依次检查与哪个 except 异常类型匹配,如果该 except 捕捉到异常,则其他的 except 将不会再尝试捕捉异常;如果没有异常抛出,则执行 else 子句。

【例 8-5】 try…except…except…else…结构应用实例。

```
try:
    x = float(input('请输入被除数:'))
    y = float(input('请输入除数:'))
    z = x/y
except ZeroDivisionError:
    print('除数不能为零!')
except ValuError:
    print('被除数和除数应为数值类型!')
except NameError:
    print('变量不存在!")
else:
    print(x , '/' , y , '=' , z)
```

执行结果：

```
请输入被除数:60
请输入除数:15
60.0/15.0 = 4.0
```

执行结果：

```
请输入被除数:60
请输入除数:0
除数不能为零!
```

执行结果：

```
请输入被除数:60
请输入除数:b
被除数和除数应为数值类型!
```

8.3 抛出异常

在异常处理机制中，除了代码执行出现错误抛出异常外，还可以根据应用程序特有的业务需求主动抛出异常。Python 提供了一个 Exception 异常类，当不满足特定业务需求时，创建异常类对象，通过 raise 抛出异常。其语法结构：

```
raise [Exception]
```

说明：Exception 为异常类名。

【例 8-6】 定义函数，判断接收的密码长度是否大于或等于 8，不满足则抛出异常。

```
def inp_pass(pwd):
    if len(pwd) < 8:
        ex = Exception('密码长度不够！')                #创建异常对象
        raise ex                                        #抛出异常
if __name__ == "__main__":
    try:
        pwd = input('请输入密码:')
        inp_pass(pwd)
    except Exception as result:                         #捕捉 raise 抛出的异常
        print('错误：%s' % (result))
    else:
        print('正确：%s' % (pwd))
```

执行结果：

```
请输入密码:2020china
正确:2020china
```

执行结果：

```
请输入密码:2020
错误:密码长度不够!
```

本章小结

异常是不可避免的，但是可以通过异常处理机制得到合理解决。

异常是程序运行时发生错误产生的。如果程序运行时抛出异常，而没有捕捉处理，则将停止程序运行。异常分为语法错误和逻辑错误，有结果输出的逻辑错误是致命的。

为了保证程序的稳定性和容错性，需要在程序中采取异常处理机制，捕捉抛出的异常并进行处理。Python 提供多种异常处理结构，如果 try 子句没有异常抛出，则执行 else 子句，否则执行 except 子句；无论 try 子句有无异常抛出，都要执行 finally 子句。

在程序设计的异常处理中，除系统提供的常用异常类型外，还可以根据应用程序的特有业务需求，创建异常类 Exception 对象，通过 raise 主动抛出异常并捕捉处理。

习题 8

1. 判断题

(1) 程序运行中的问题主要包括：语法错误、逻辑错误和环境带来的不确定性异常。(　　)

(2) 异常处理，try 子句包含抛出异常的代码，except 子句用于捕捉异常并处理的代码。(　　)

(3) 异常处理结构，没有异常抛出，才能执行 finally 子句。(　　)

(4) Python 允许程序员自己触发异常，通过 raise 关键字抛出异常。(　　)

(5) 异常处理，执行 except 子句后，终止程序执行。(　　)

2. 分析程序

(1) 分析解释每条命令的执行。

```
>>> 2020/0                              #
>>> 'boy' + 2020                        #
>>> [1,2,3].find(3)                     #
>>> {90,80,100} * 6                     #
>>> 3 * 'Hello Python                   #
>>> print(str)                          #
>>> fp = open(r'd:\test.txt','r')       #假定文件夹为空
>>> fp.close()                          #
>>> len(2020)                           #
```

(2) 分析程序执行。

```
def print_D(dic)                                #定义处理字典对象函数
    i = 0
    try:
        len1 = len(dic)
```

```
        while(i < len1:
            print(dic.popitem())
            i+ =1
    except:
        print('传递值类型出错,必须为字典型！')
if __name__ == '__main__':
    print_D({'a':90,'b':80})                  #
    print_D([90,80,85])                       #
```

3. 编写程序

(1) 编写程序,实现如下功能:

① 键盘输入一个文本文件名(文件存储 30 名不及格学生的成绩,每行一个成绩)。

② 读出每个成绩并加 5 分后输出。

③ 异常处理:判断文件是否存在;判断读取数据类型格式是否正确。

(2) 编写程序,实现如下功能:

① 创建一个空的成绩列表。

② 键盘输入 30 名学生的成绩(0～100)。

③ 将输入成绩添加到成绩列表中。

④ 异常处理:判断输入成绩,如果成绩不在 0～100 范围内,抛出异常。

第 9 章

Python 应用(提高与拓展)

学习导读

主要内容

Python 经过不到 30 年的发展完善,已经渗透到数据统计分析、科学计算可视化、数据爬取与大数据处理、Web 移动端开发、游戏开发、图形图像处理、人工智能和机器学习等开发的所有专业领域。本章主要介绍 Python 的图形用户界面设计、数据库操作、大数据应用(网络爬虫)、数据分析与处理、数据可视化和 AI 应用等内容。

学习目标

- 掌握 Python 标准库 tkinter 图形用户界面(Graphical User Interface,GUI)功能设计方法;
- 掌握 Python 数据库访问工作原理和操作方法;
- 掌握 Python 网络爬虫基本流程以及 urllib、requests 等库在爬取数据信息时的基本方法;
- 掌握 Python 数据分析和数据可视化的基本方法;
- 了解 Python 在 AI 中的应用。

重点与难点

重点:GUI 功能设计、数据库访问技术、网络爬虫技术和数据分析可视化技术。

难点:爬虫技术和数据分析可视化应用。

9.1 图形用户界面设计

利用图形用户界面设计工具,开发类似于 Windows 图形界面风格的软件或 B/S 架构的 Web 网站应用页面,既有利于视觉感受,又方便键盘、鼠标的交互操作,同时实现了数据的可视化需求。

9.1.1 图形用户界面

1. 常用的软件操作界面

主流计算机环境下的软件操作界面主要有 3 种:

- 以 DOS 为代表的二维字符用户界面;
- 以 Windows 为代表的三维图形用户界面;
- B/S 架构的以网页为代表的 Web 用户界面。

前面章节介绍的应用程序，通过 Python 的 IDLE 执行和结果输出都不是图形界面设计和显示，其近似于二维字符用户界面。下面重点介绍 Windows 风格的三维图形用户界面的设计及应用。

2. 图形用户界面的构成

图形用户界面是指以图形方式显示应用程序用户的操作界面。我们经常使用的 Word、Excel、PPT、WPS 等编辑软件，以及 Python 自带的 IDLE 代码编辑工具都是图形集成开发环境。

窗体、控件(组件)、菜单、工具栏、状态栏构成了应用程序丰富的用户界面，鼠标和键盘是应用程序操作的主要工具，事件过程响应完成了用户操作的特定功能。某应用系统主界面如图 9-1 所示。

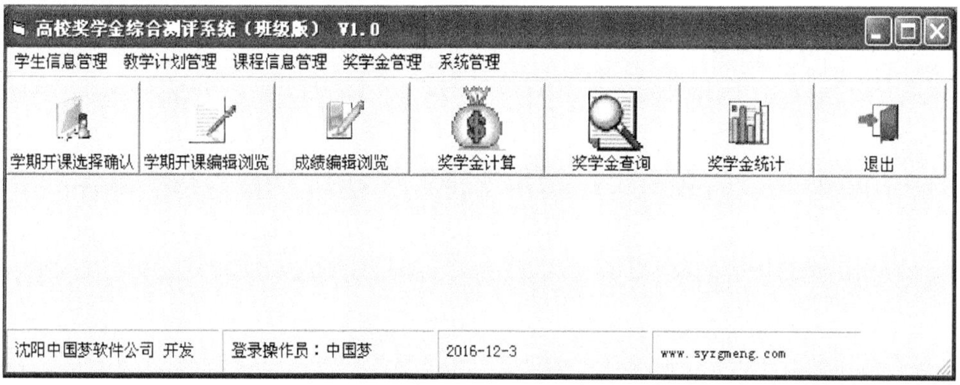

图 9-1 某应用系统主界面

(1) 窗 体

用户界面是应用程序的主要组成部分，其作用主要是向用户提供输入数据以及显示程序运行的结果。窗体和控件对象构成了用户界面的外观，因此，创建用户界面就是将所需要的控件对象放置到窗体上适当的位置，对窗体和控件进行布局设计。

(2) 控件的作用

控件的作用在于将固有的功能封装起来，只留出一些属性、方法和事件作为应用程序编写的接口。程序员必须了解这些属性、方法和事件，才能编写程序实现相应的功能操作。Python 程序目标的实现，就是窗体中每个控件的属性、方法和事件的实现。

(3) 控件与对象的关系

Python 开发环境中的控件实际是一个控件类，当一个控件被放置到窗体上时，就创建了该类控件的一个对象。当进入运行模式时，就生成了控件运行时的对象。在设计模式下，就生成一个设计时的对象。

(4) 控件的属性、方法和事件

控件的属性类似窗体的属性，其外观主要由属性决定。大部分属性可以通过属性窗口或代码进行设置。控件的属性可分为通用属性和专有属性，Name 属性是所有控件都具有的，是控件对象的名称。系统为每个属性都提供了默认值，用户可以根据需要重新设置某些属性。

控件的方法是某些规定好的、用于完成某种特定功能的特殊过程，只能在代码中使用。

控件的事件是指能够被控件对象识别的一系列特定的动作，如 Click 单击事件。事件多数由用户激活，也能够被系统激活(定时器事件)。

9.1.2 图形用户界面开发包 tkinter

标准库 tkinter 是 Python 自带的 GUI 开发包，只需导入 tkinter 相应模块，并引用相关对象，即可实现各种窗体的功能设计。

tkinter 模块导入语法格式：

- from tkinter import *
- import tkinter

Python 的 IDLE 就是使用 tkinter 设计的。tkinter 提供了大量用于 GUI 设计的组件，常用的组件如表 9-1 所列。

表 9-1 tkinter 常用组件

组件名称	功能描述
Button	按钮，单击时执行相应事件方法
Label	标签，显示文本或图标，常用于提示信息
Entry	单行文本框，输入或显示信息
Text	多行文本框，输入或显示信息
Radiobutton	单选按钮，同组中的按钮只能有一个处于选中状态
Checkbutton	复选框按钮，可以多个同时处于选中状态
Listbox	列表框，可以添加多个项目，提供显示选择
Frame	框架，作为其他组件的容器，分组其他组件
LabelFrame	标签框架，常用于复杂多信息的窗口布局
Scrollbar	滚动条，协助观察数据或确定位置
Scale	刻度条，为输出限定范围的数字区间
Message	信息提示对话框
Menu	菜单，显示菜单栏、下拉菜单、快捷菜单
Canvas	画布，用于绘制直线、椭圆、多边形等图形
Toplevel	创建新的窗口，提供单独的对话框

9.1.3 图形用户界面设计实例

tkinter 模块可以应用在 UNIx、Windows 等绝大多数平台上，使用 tkinter 创建 GUI 应用程序一般包括以下 5 个步骤：

① 导入 tkinter 模块(import tkinter 或 from tkinter import *)；

② 创建一个顶层窗口对象，用于容纳整个 GUI 应用组件；

③ 在顶层窗口对象上构建所有 GUI 组件及其功能；

④ 通过底层应用代码将 GUI 组件连接起来；

⑤ 进入主事件循环。

【例 9-1】 设计实现系统登录窗口，如图 9-2 所示。要求：登录窗口具有“记住我?”选项功能，下次登录时自动填写上次登录时输入的正确用户名和密码；用户名和密码正确，显示“登录成功!”，否则显示“用户名或密码错误!”提示；“取消”按钮将清除文本框中输入的用户名和密码。

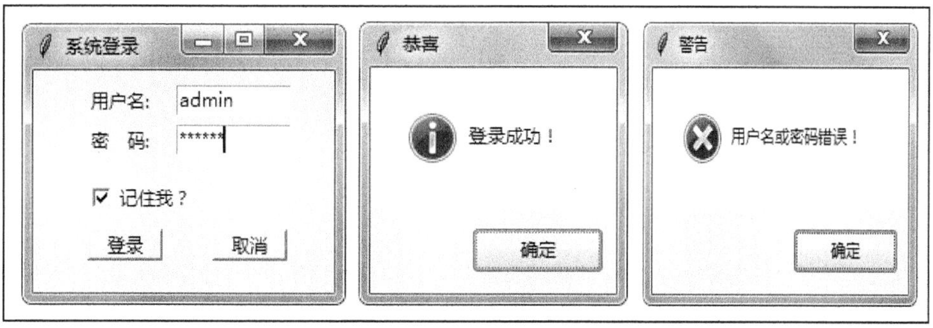

图 9-2 “系统登录”窗口及提示信息

系统登录窗口编码：

```
import tkinter                                                    #导入 tkinter 模块
import tkinter.messagebox
import os
import os.path
path = os.getenv('temp')
filename = os.path.join(path,'info.txt')
root = tkinter.Tk()                                               #创建“系统登录”窗口
root.title('系统登录')                                             #设置窗口标题
root['height'] = 140                                              #设置窗口大小
root['width'] = 200
labelName = tkinter.Label(root,text = '用户名:',justify = tkinter.RIGHT,anchor = 'e',width = 80)
labelName.place(x = 0,y = 9,width = 80,height = 20)               #将创建的标签放到窗口上
varName = tkinter.StringVar(root,value = '')                      #创建用户名关联变量
entryName = tkinter.Entry(root,width = 80,textvariable = varName) #创建文本框并与关联变量绑定
entryName.place(x = 95,y = 9,width = 77,height = 20)              #将文本框放到窗口上
labelPwd = tkinter.Label(root,text = '密    码:',justify = tkinter.RIGHT,anchor = 'e',width = 80)
labelPwd.place(x = 0,y = 34,width = 80,height = 20)
varPwd = tkinter.StringVar(root,value = '')                       #创建密码关联变量
entryPwd = tkinter.Entry(root,show = '*',width = 80,textvariable = varPwd)
entryPwd.place(x = 95,y = 34,width = 77,height = 20)
#读取存储的用户名和密码，并显示在“用户名”文本框和“密码”文本框中
try:
    with open(filename) as fp:
        n,p = fp.read().strip().split(',')
        varName.set(n)
        varPwd.set(p)
except:
```

```
    pass
#创建并设置复选框
rememberMe = tkinter.IntVar(root,value = 1)
checkRemember = tkinter.Checkbutton(root,text = '记住我？',variable = rememberMe,onvalue = 1,
                                    offvalue = 0)
checkRemember.place(x = 12,y = 70,width = 120,height = 20)
def login():                  #"登录"按钮事件处理函数
    name = entryName.get()
    pwd = entryPwd.get()
    if name == 'admin' and pwd == '123456':
        tkinter.messagebox.showinfo(title = '恭喜',message = '登录成功！')
        if rememberMe.get() == 1:              #保存用户名和密码
            with open(filename,'w') as fp:
                fp.write(','.join((name,pwd)))
        else:
            try:
                os.remove(filename)          #删除保存用户名和密码的文件
            except:
                pass
    else:
        tkinter.messagebox.showerror('警告',message = '用户名或密码错误！')
buttonOk = tkinter.Button(root,text = '登录',command = login)   #创建"登录"按钮并设置处理函数
buttonOk.place(x = 36,y = 100,width = 50,height = 20)
def cancel():               #定义"取消"按钮事件处理函数
    varName.set('')
    varPwd.set('')
buttonCancel = tkinter.Button(root,text = '取消',command = cancel)
buttonCancel.place(x = 119,y = 100,width = 50,height = 20)
root.mainloop()           #启动消息循环
```

【例 9－2】 设计实现学生信息编辑窗口，如图 9－3 所示。要求："添加记录"按钮实现将学生信息添加到列表框中的功能；"取消"按钮实现清除文本框中信息的功能；"删除记录"按钮实现删除列表框所选记录的功能，如果未选择列表框中的记录，则显示"没有选择删除记录！"提示。

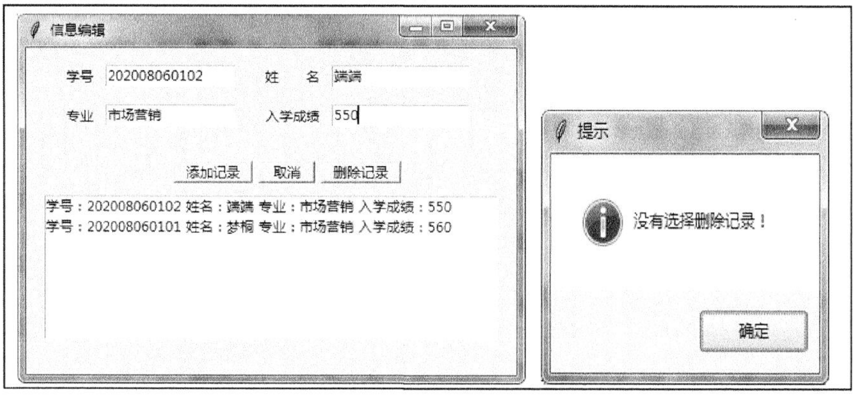

图 9－3 "信息编辑"窗口及提示信息

信息编辑窗口编码：

```
import tkinter
import tkinter.messagebox
import tkinter.ttk
root = tkinter.Tk()
root.title("信息编辑")
root['height'] = 290
root['width'] = 430
varxh = tkinter.StringVar()
varxh.set('')
labelxh = tkinter.Label(root,text = '学号',justify = tkinter.RIGHT,width = 50)
labelxh.place(x = 22,y = 15,width = 50,height = 20)
entryxh = tkinter.Entry(root,width = 120,textvariable = varxh)
entryxh.place(x = 70,y = 15,width = 120,height = 20)
varxm = tkinter.StringVar()
varxm.set('')
labelxm = tkinter.Label(root,text = '姓        名',justify = tkinter.RIGHT,width = 50)
labelxm.place(x = 185,y = 15,width = 100,height = 20)
entryxm = tkinter.Entry(root,width = 120,textvariable = varxm)
entryxm.place(x = 270,y = 15,width = 120,height = 20)
varzy = tkinter.StringVar()
varzy.set('')
labelzy = tkinter.Label(root,text = '专业',justify = tkinter.RIGHT,width = 50)
labelzy.place(x = 22,y = 50,width = 50,height = 20)
entryzy = tkinter.Entry(root,width = 120,textvariable = varzy)
entryzy.place(x = 70,y = 50,width = 120,height = 20)
varrxcj = tkinter.StringVar()
varrxcj.set('')
labelrxcj = tkinter.Label(root,text = '入学成绩',justify = tkinter.RIGHT,width = 50)
labelrxcj.place(x = 185,y = 50,width = 100,height = 20)
entryrxcj = tkinter.Entry(root,width = 120,textvariable = varrxcj)
entryrxcj.place(x = 270,y = 50,width = 120,height = 20)
def addInformation():
    result = '学号:' + entryxh.get()
    result = result + '姓名:' + entryxm.get()
    result = result + '专业:' + entryzy.get()
    result = result + '入学成绩:' + entryrxcj.get()
    listboxstudents.insert(0,result)
buttonadd = tkinter.Button(root,text = '添加记录',width = 70,command = addInformation)
buttonadd.place(x = 130,y = 100,width = 70,height = 20)
def cancel():                                    #定义取消按钮事件处理函数
    varxh.set('')
    varxm.set('')
    varzy.set('')
```

```
    varrxcj.set('')
buttonCancel = tkinter.Button(root,text = '取消',command = cancel)
buttonCancel.place(x = 205,y = 100,width = 50,height = 20)
def deleteSelection():
    selection = listboxstudents.curselection()
    if not selection:
        tkinter.messagebox.showinfo(title = '提示',message = '没有选择删除记录!')
    else:
        listboxstudents.delete(selection)
buttondelete = tkinter.Button(root,text = '删除记录',width = 70,command = deleteSelection)
buttondelete.place(x = 260,y = 100,width = 70,height = 20)
listboxstudents = tkinter.Listbox(root,width = 400)
listboxstudents.place(x = 15,y = 130,width = 400,height = 130)
root.mainloop()
```

9.2 数据库操作

在软件开发中,数据库的支持比使用纯文本文件存储数据更具有优势,特别是处理数据量足够大时,数据库一定是更好的选择。Python 支持强大的数据库读/写、查询、计算统计等功能操作。

9.2.1 数据库系统

数据库系统主要包括:

- 数据库:DBS 的管理对象。
- 数据库管理系统:管理数据库的系统软件,是 DBS 的核心。
- 硬件:支持数据库系统的硬件平台。
- 软件:系统软件包括计算机操作系统等;应用软件主要是基于数据库的应用软件。
- 用户:数据库管理员(DBA)、数据库应用程序开发人员和最终用户。

数据库、数据库管理系统和数据库系统是 3 个不同的概念,数据库是相互关联的数据集合,数据库管理系统是管理数据库的系统软件,而数据库系统是基于数据库的计算机应用系统。

1. 数据库

数据库(Database,DB)是长期存储在计算机内的、有组织的、可共享的、相互关联的数据集合。

数据库的主要特征包括:相互关联的数据集合;用综合的方法组织数据;较小的数据冗余,实现数据资源共享;较高的数据独立性;具有安全控制机制,能够保证数据安全、可靠;完整性;允许并发地使用数据库。

2. 数据库管理系统

数据库管理系统(Database Management System,DBMS)是位于用户与操作系统之间的管理数据库的系统软件,是数据库系统的核心。

数据库管理系统的主要功能：

- 数据库定义功能(创建数据库、创建数据表、视图和存储过程等)。
- 数据库操纵功能(对数据库中的数据进行 Insert、Update 和 Delete 等基本操作)。
- 数据库查询功能(以各种灵活的方式查询数据库中满足条件的数据)。
- 数据库运行管理功能(数据的安全性保护、数据的完整性检查、并发控制和数据库恢复等)。
- 数据库通信功能(分布式数据库必须提供数据库通信功能)。

市场主流 DBMS 分为关系型数据库和非关系型数据库，其中，关系型数据库基于关系模型，以二维关系表存储数据，通过 SQL 访问读/写数据库等；非关系型数据库(NoSQL)提供分布式处理技术，主要处理解决大数据问题。

9.2.2 关系型数据库

关系型数据库是支持关系模型的数据库系统，是目前应用最广泛的一种数据库系统。目前主流数据库管理系统 Sybase、Oracle、MS SQL Server、FoxPro 和 Access 等均是关系模型。

关系型数据库通过若干个二维表(table)来存储数据，并且通过关系(relation)将这些表联系起来。一个关系模型的逻辑结构是一张二维表，它由行和列组成，如图 9-4 所示。二维表中的行称为元组(又称记录)，列称为属性(又称字段)。在二维表中，如果一个属性或属性集的值能够唯一标识一个关系的元组，则称该属性或属性集为该关系的候选关键字。选择众多候选关键字中的一个作为主关键字，每个关系只能有一个主关键字。

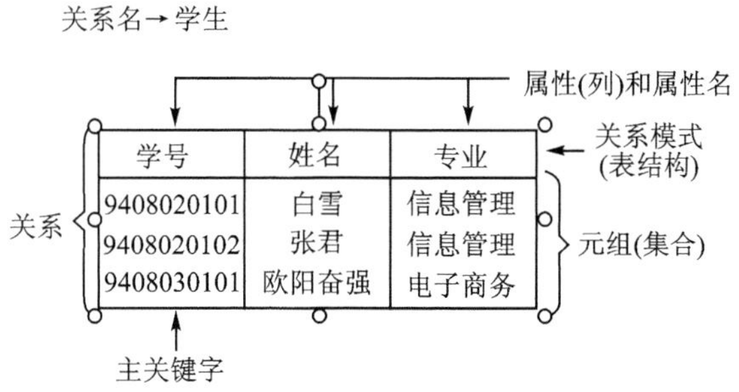

图 9-4 关系逻辑结构

关系数据库是以关系模型为基础的数据库。在关系模型中，现实世界中的实体以及实体与实体间的联系都是用关系来描述的。关系模型中主要有 3 种类型的关系：基本表、查询表和视图表。

基本表是指实际存在的表，具体的数据都存储在基本表中。

查询表是指查询结果相对应的表。

视图表是由一个或几个基本表或视图导出的表，是虚表，不对应实际存储的数据。其具体数据存储在基本表中。

学生、课程和选课联系间的参照关系与被参照关系如图 9-5 所示。

9.2.3 连接数据库的驱动接口技术:ODBC 与 ADO

无论基于数据库的 Python 应用程序，还是其他数据库应用系统，都通过数据库驱动程序访问数据库。数据库驱动程序分为启动 API 接口和驱动程序两大部分，由数据库厂商提供。

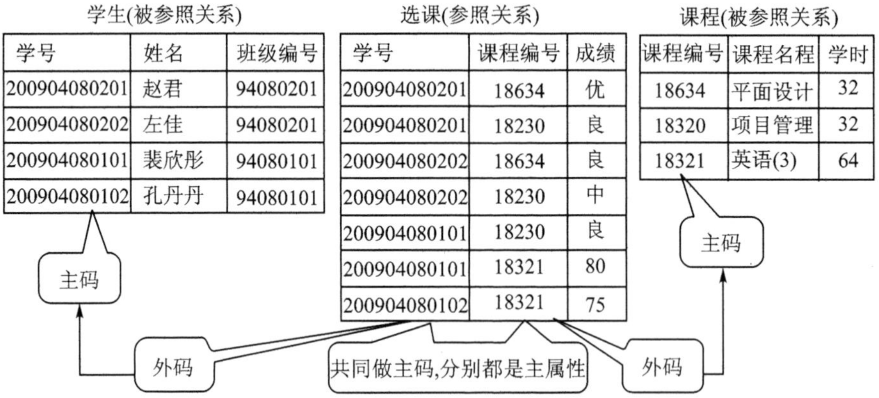

图 9-5 参照关系和被参照关系

驱动程序主要是访问数据库功能函数的 DLL 文件,API 接口就是驱动程序里的函数,可供 Python 程序直接调用。目前,流行的数据库接口技术包括 ODBC 和 ADO 等。

ODBC(Open Database Connectivity,开放数据库互连)是访问数据库的标准 API(应用程序接口)。一个基于 ODBC 的应用程序对数据库的操作不依赖于任何数据库管理系统,不直接与 DBMS 打交道,所有的数据库操作均由对应 DBMS 的 ODBC 驱动程序完成。

ODBC 应用系统的体系结构如图 9-6 所示,应用程序通过标准的 ODBC 函数和 SQL 语句访问数据库。ODBC 应用程序包括的主要内容有:

- 请求连接数据库;
- 向数据源发送 SQL 语句;
- 为 SQL 语句执行结果分配存储空间,定义所读取的数据格式;
- 获取数据库操作结果或处理错误;
- 进行数据处理并向用户提交处理结果;
- 请求事务的提交和回滚操作;
- 断开与数据源的连接。

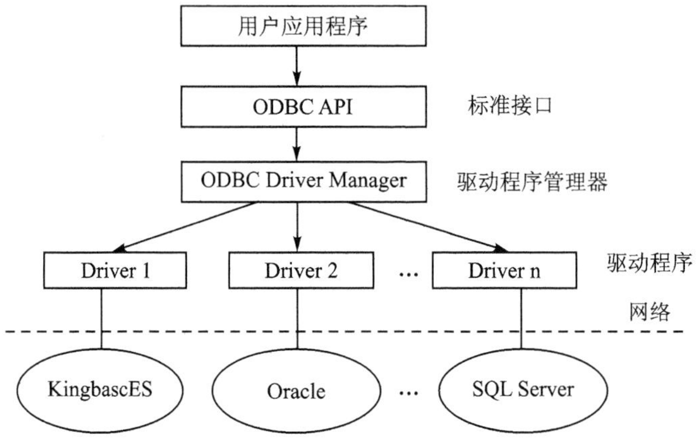

图 9-6 ODBC 应用系统的体系结构

ODBC 通过驱动程序来提供应用系统与数据库平台的独立性,ODBC 应用程序不能直接存取数据库:

- 其各种操作请求由驱动程序管理器提交给某个 RDBMS 的 ODBC 驱动程序。
- 通过调用驱动程序所支持的函数来存取数据库。
- 数据库的操作结果也通过驱动程序返回给应用程序。
- 如果应用程序要操纵不同的数据库,就要动态地连接到不同的驱动程序上。

ADO(ActiveX Data Object)是一个功能强大的数据库应用编程接口,应用程序可以通过 ADO 实现对数据库的连接,对数据的查询、修改等操作。ADO 本身是一个面向对象的编程模型,主要有 3 个独立的对象组成,每个对象各自有丰富的属性和方法。ADO 的主要对象包括:Connection、Recordset 和 Command,这些对象描述如下:

- Connection 对象:包含与数据源连接的信息(服务器的名字、数据库的名字、用户的名字和访问的密码等)。
- Recordset 对象:包含从数据源得到的记录集。
- Command 对象:定义一个可以在数据源上执行的命令或查询。

上述 3 个对象之间的逻辑关系可以理解如下:

首先通过设置连接的服务器的名字、数据库的名字、用户的名字和访问的密码等建立同数据库的连接(connection);

然后通过连接发送一个查询的命令(command)到数据库服务器上;

最后数据库服务器执行查询,把查询到的数据存储到 Recordset 中返回给用户。

9.2.4 结构化查询语言

结构化查询语言(Structured Query Language,SQL)是一种介于关系代数与关系运算之间的语言,其功能包括定义、查询、操纵和控制 4 方面,是一种通用的功能极强的关系数据库标准语言,已被绝大多数商品化的关系数据库系统采用。

1. SQL 的特点

① SQL 语言是一种一体化的语言,它集数据定义、数据查询、数据操纵和数据控制等功能于一身,可以完成数据库活动中的全部工作。

② SQL 语言是一种高度非过程化的语言,它不用告诉计算机“如何”去做,只需要描述清楚用户要“做什么”,把要求交给系统,由系统自动完成全部工作。

③ SQL 语言非常简洁,只有为数不多的几条命令,但功能却很强,如表 9-2 所列。另外,SQL 的语法也简单易学、容易掌握。

表 9-2 SQL 命令

SQL 功能	命 令
数据定义	CREATE、ALTER、DROP
数据查询	SELECT
数据操纵	INSERT、UPDATE、DELETE
数据控制	GRANT、REVOKE、DENY

④ SQL 语言使用方便、灵活。因为 SQL 既可以命令方式交互使用,也可嵌入到程序设计语言中以程序方式使用。现在很多数据库应用开发工具都支持 SQL 语言。

2. SQL 查询实例

【例 9-3】 查询“学生”数据表中全体学生记录。

```
SELECT * FROM 学生
```

【例 9-4】 查询“学生”数据表中全体学生的学号、姓名和入学成绩。

```
SELECT 学号,姓名,入学成绩 FROM 学生
```

【例 9-5】 查询“学生”数据表中入学成绩大于或等于 550 分,而小于或等于 600 分的学生记录。

```
SELECT * FROM 学生 WHERE 入学成绩 >= 550 AND 入学成绩 <= 600
```

或

```
SELECT * FROM 学生 WHERE 入学成绩 BETWEEN 550 AND 600
```

【例 9-6】 查询“专业”数据表中学院编号为“06”和“08”的专业记录。

```
SELECT * FROM 专业 WHERE 学院编号 = '06' OR 学院编号 = '08'
```

或

```
SELECT * FROM 专业 WHERE 学院编号 IN ('06','08')
```

【例 9-7】 查询“学生”数据表中姓“张”的学生记录。

```
SELECT * FROM 学生 WHERE 姓名 LIKE '张%'
```

【例 9-8】 查询“学生”数据表中生源为“辽宁”的学生记录,结果按入学成绩降序排列。

```
SELECT * FROM 学生 WHERE 生源 = '辽宁' ORDER BY 成绩 DESC
```

【例 9-9】 查询“学生”数据表中入学成绩为前 5 名的学生记录。

```
SELECT TOP 5 * FROM 学生 ORDER BY 入学成绩 DESC
```

【例 9-10】 查询统计“学生”数据表中各个生源地的学生人数。

```
SELECT 生源地,COUNT(*) AS 学生数 FROM 学生 GROUP BY 生源地
```

SQL SELECT 查询可以直接对查询结果进行汇总计算和分组计算,其中实现汇总计算的函数称为聚合函数。SQL 中常用的聚合函数如表 9-3 所列。

表 9-3 聚合函数

函 数	功 能
COUNT	计数(记录数)
SUM	求和(数值列)
AVG	平均值(数值列)
MAX	最大值
MIN	最小值

【例 9-11】 查询统计“学生”数据表中的学生来自几个省份。

```
SELECT COUNT(DISTINCT 生源地) AS 生源地数 FROM 成绩
```

注意:COUNT(DISTINCT 生源地)对消除重复元组后的记录进行计数。

【例 9-12】 查询“学生”数据表中哪些省份学生人数超过 30 人。

```
SELECT 生源地,COUNT( * ) AS 学生数 FROM 学生 GROUP BY 生源地 HAVING COUNT( * ) > 30
```

【例 9-13】 查询统计“学生”数据表中各个省份学生的平均入学成绩。

```
SELECT 生源地,AVG(入学成绩) AS 平均入学成绩 FROM 学生 GROUP BY 生源地
```

【例 9-14】 查询成绩在 90 分以上的所有学生的学号、姓名、班级编号、课程名称和成绩。

```
SELECT 学生.学号,姓名,班级编号,课程名称,成绩
FROM 学生,选课,课程
WHERE 学生.学号 = 选修.学号 AND 选修.课程编号 = 课程.课程编号 AND 成绩 > 90
```

或

```
SELECT 学生.学号,姓名,班级编号,课程名称,成绩
FROM 学生 JOIN 选修 JOIN 课程
ON 课程.课程编号 = 选修.课程编号
ON 选修.学号 = 学生.学号
WHERE 成绩 > 90
```

注意:JOIN 的顺序与连接条件 ON 的顺序相反。

【例 9-15】 查询与梦桐在同一个班级的所有同学的信息。

```
SELECT *
FROM 学生
WHERE 班级编号 IN( SELECT 班级编号
                   FROM 学生
                   WHERE 姓名 = '梦桐')
```

9.2.5 数据库操作实例

本小节数据库操作实例主要介绍 Python 访问操作 SQLite、MySQL 关系型数据库。

- SQLite:Python 自带的基于内存或硬盘的、开源的、关系型轻量级数据库。无需下载安装,直接导入使用(import sqlite3)。
- MySQL:广泛应用互联网相关业务网站的开源关系型数据库。要实现应用系统与 MySQL 数据库连接,需要安装 MySQL 和数据库驱动程序(PyMySQL)。

访问关系型数据库进行读/写操作的步骤:

① 建立应用程序与数据库的连接,创建数据库连接对象。

② 创建数据库游标对象。

③ 利用游标对象执行 SQL 语句命令。

④ 若是 insert、update 和 delete 操作，则提交数据库；若是 select 操作，则返回查询结果。

⑤ 关闭与数据库的连接。

【例 9－16】 建立与 SQLite 数据库 stu.db 的连接，在数据库中创建 student 数据表。

```
import sys                                              #导入 sys 模块
import sqlite3                                          #导入 sqlite3 模块
try:
    conn = sqlite3.connect(r'g:\python_2020\stu.db')    #创建或连接 stu.db 数据库
except:
    print("提示:打开数据 stu.db 库连接出错,请检查!")
    conn.close()                                        #关闭数据库连接
    sys.exit()                                          #终止程序执行
cur = conn.cursor()                                     #创建游标实例对象
try:                                                    #创建 student 表结构
    cur.execute("create table student(xh text,xm text,zy text,rxcj int)")
    conn.commit()                                       #提交保存到数据库
    print("恭喜,student 表创建成功!")
except:
    print("提示:student 表创建出错,请检查!")
conn.close()                                            #关闭数据库连接
```

【例 9－17】 建立与 SQLite 数据库 stu.db 的连接，向数据表中添加 3 条记录，显示表中所有记录，删除表中 1 条记录。

```
import sys
import sqlite3
try:
    conn = sqlite3.connect(r'g:\python_2020\stu.db')
except:
    print("提示:打开数据 stu.db 库连接出错,请检查!")
    conn.close()
    sys.exit()
cur = conn.cursor()
ins_sql_1 = "insert into student values('202008050101','梦桐','市场营销',560)"
ins_sql_2 = "insert into student values('202008050102','端端','市场营销',550)"
ins_sql_3 = "insert into student values('202008060101','李红','物流管理',555)"
try:
    cur.execute(ins_sql_1)
    cur.execute(ins_sql_2)
    cur.execute(ins_sql_3)
    conn.commit()
    print("恭喜, 学生信息添加成功!")
except:
    print("提示:学生信息添加失败,请检查!")
    conn.close()
    sys.exit()
```

```
select_sql = "select * from student"
cur.execute(select_sql)
for row in cur.fetchall():
    print(row)
del_sql = "delete from student where xm = '端端'"
try:
    cur.execute(del_sql)
    conn.commit()
    print("恭喜,学生信息成功删除!")
except:
    print("提示:学生信息删除失败,请检查!")
    conn.close()
    sys.exit()
cur.execute(select_sql)
for row in cur.fetchall():
    print(row)
conn.close()
```

执行结果:

```
恭喜,学生信息添加成功!
('202008050101', '梦桐', '市场营销', 560)
('202008050102', '端端', '市场营销', 550)
('202008060101', '李红', '物流管理', 555)
恭喜,学生信息成功删除!
('202008050101', '梦桐', '市场营销', 560)
('202008060101', '李红', '物流管理', 555)
```

9.3 大数据应用(网络爬虫)

如何利用大数据技术实现全世界范围的海量信息获取,Python 的网络爬虫在大数据处理方面具有其独特的优势。

9.3.1 HTML 与 JavaScript 脚本

1. HTML

HTML(Hyper Text Marked Language,超文本标记语言),是一种用来制作超文本文档的简单标记语言,也是制作网页的最基本的语言(非编程语言),它可以直接由浏览器执行。

HTML 是一种结构化的网页内容标记语言,用于描述超文本中内容的显示方式。如文字以什么颜色、大小来显示等,这些都是利用 HTML 标记完成的。

使用不同的标签符号分别表示和设定不同的网页元素。网页元素由开始标签、结束标签和内容组成:

```
<标签名称 属性名称 1 = 属性值 1 属性名称 2 = 属性值 2… >
    内容
</标签名称 >
```

当浏览器收到 HTML 文件后，就会解释里面的标记符，然后把标记符相应的功能表达出来。

无论网页简单或复杂，都由最基本的 HTML 结构组成：

```
< html >
    < head >
        < title >
            网页标题
        </title >
    </head >
    < body >
        显示在浏览器中的主要内容
    </body >
</html >
```

【例 9 - 18】 表单标记应用实例，效果如图 9 - 7 所示。

```
< html >
    < head > < title > 个人信息注册 </title > </head >
    < body >
        < form method = "post" action = "2.asp" >
            姓名：< input type = "text" name = "username" > < br >
            密码：< input type = "password" name = "userpwd" > < br >
            性别：< input type = "radio" name = "gender" checked > 男
                  < input type = "radio" name = "gender" > 女 < br >
            爱好：< input type = "checkbox" name = "favor1" > 瑜伽
                  < input type = "checkbox" name = "favor2" > 跳舞
                  < input type = "checkbox" name = "favor3" > 旅游
                  < input type = "checkbox" name = "favor4" > 唱歌 < br >
            年龄：< select name = "age" >
                      < option value = "18" > 18 岁
                      < option value = "19" > 19 岁
                      < option value = "20" > 20 岁
                      < option value = "21" > 21 岁
                      < option value = "22" > 22 岁
                  </select > < br >
            自我介绍：< br >
            < textarea name = "intro" cols = "40" rows = "5" > 因为努力，非常优秀！ </textarea > < br >
            < input type = "submit" name = "B1" value = "注册" >
            < input type = "reset" name = "B2" value = "重置" >
        </form >
    </body >
</html >
```

图 9-7　表单标记应用

2. JavaScript

JavaScript 是广泛应用于客户端 Web 开发(交互性动态效果)的脚本语言。使用 HTML 只能制作出静态的网页,无法独立地完成与客户端动态交互的网页任务。为了能设计制作出交互的网页,Netscape 公司开发的 JavaScript 语言引进了 Java 语言的概念,并内嵌于 HTML 中。通过 JavaScript 可以将静态页面转变成支持用户交互并响应相应事件的动态页面。

JavaScript 的主要作用:动态改变网页内容、动态改变网页外观、验证表单数据、响应事件。

JavaScript 的特点:语法简单、易学易用、解释性语言、跨平台、基于对象和事件驱动、用于客户端。

JavaScript 在 HTML 中的使用:在 HTML 网页头中嵌入、在 HTML 网页中嵌入、在 HTML 网页的元素事件中嵌入、在 HTML 网页中调用 JavaScript。

【例 9-19】 JavaScript 的应用,判断网页交互输入的文本框是否为空,结果如图 9-8 所示。

```
<html>
    <head>
        <title>判断文本框是否为空</title>
        <script language="JavaScript">
            function fun()
            {
                var _txtname=document.all.txtName;
                var _txtvalue=_txtname.value;
                if((_txtvalue == null) || (_txtvalue.length < 1))
                {
                    window.alert("文本框内容为空,请输入内容!");
                    _txtname.focus();
                    return;
                }
            }
        </script>
    </head>
    <body>
```

```
            < form method = post action = "#" >
                < input type = "text" name = "txtname" >
                < input type = "button" value = "确   定" onclick = "fun()" >
            </form >
        </body >
    </htlm >
```

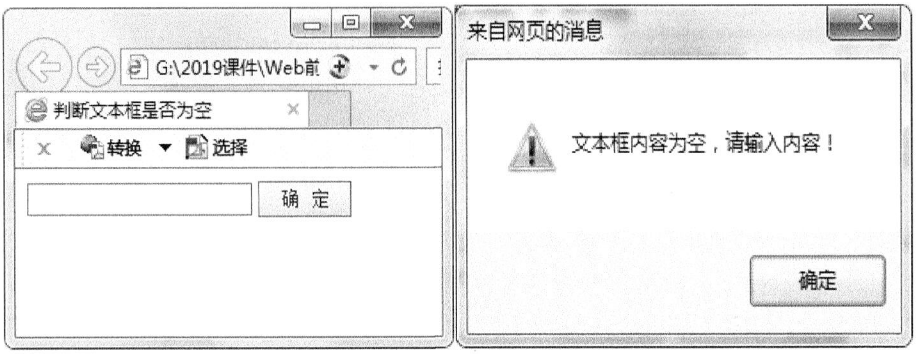

图 9-8 JavaScript 的应用

如果 JavaScript 的代码较长，或者多个 HTML 网页中都调用相同的 JavaScript 程序，则可以将较长的 JavaScript 或者通用的 JavaScript 写成独立的.js 文件，直接在 HTML 中调用。

【例 9-20】 在 HTML 中调用外部独立的 JavaScript 文件。

```
< html >
    < head >
        < title > 使用外部 JavaScript 文件 </title >
        < script src = "hello.js" > </script >
    </head >
    < body >
        < p > 此处引用了一个 JavaScript 文件！ </p >
    </body >
</html >
```

9.3.2 网络爬虫

1. 什么是网络爬虫

网络爬虫就是按照某种规则在互联网上自动抓取有价值信息的一段程序。通过网络爬虫程序，模拟网页浏览、搜索、复制、粘贴等操作，抓取所需要的数据或信息，再应用数据分析技术，为实现最终目标提供决策依据。

2. 为什么学习网络爬虫

- 更深入理解搜索引擎采集数据的工作原理，优化搜索引擎。
- 为大数据分析提供更多高质量的数据源。

3. 网络爬虫基本流程

网络爬虫基本流程如图 9-9 所示。

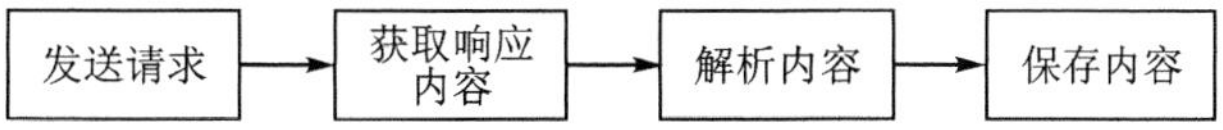

图 9-9 网络爬虫基本流程

① 发送请求:使用 http 向目标站点发起请求 Request。

② 获取响应内容:如果 Request 请求内容存在于目标服务器上,则服务器将返回请求内容。

③ 解析内容:Python 利用正则表达式或标准库、扩展库等提取用户需要的目标信息。

④ 保存内容:以文本、图片、音频和视频等多种形式将解析得到的数据信息保存到本地。

4. 网络爬虫架构

网络爬虫架构主要由 5 部分组成:

- 调度器,主要协调 URL 管理器、网页下载器、网页解析器之间的工作。
- URL 管理器,通过数据库、内存、缓存数据库存储管理爬取的 URL 地址。
- 网页下载器,通过爬虫目标 URL 地址下载网页,并将网页转换成字符串。
- 网页解析器,解析网页字符串,按照要求提取感兴趣有价值的信息。
- 网页输出器,从网页中提取的有用数据信息以文件的形式输出。

9.3.3 网络爬虫应用实例

网络爬虫是 Python 的重要应用之一。Python 丰富的标准库和扩展库为网络爬虫提供了强大的功能支持,下面主要介绍 urllib、requests、scrapy 和 BeautifulSoup 等在网络爬虫中的应用。

- Python 字符串处理方法和正则表达式为简单网页内容爬取提供功能支持。
- Python 标准库 urllib 的 urllib. request、urllib. respones、urllib. parse 和 urllib. error 等模块为简单网页内容读取提供了强大的功能支持。
- Python 扩展库 requests 是常用的网络爬虫工具之一,以更简洁的形式(相对 urllib)处理 HTTP 和解析网页内容。
- Python 扩展库 scrapy 是一个适合抓取 Web 站点,从网页中提取结构化数据的 Web 网络爬虫框架。使用 scrapy 爬虫,不需要掌握底层的正则表达式,降低了爬虫项目的开发难度。
- Python 扩展库 BeautifulSoup 可以使用不同的解析器,从 HTML 或 XML 文件中抓取所需要的数据信息。

1. urllib 网络爬虫基本应用

【例 9-21】 读取并显示网页内容。

```
import urllib.request
fp = urllib.request.urlopen("http://www.163.com")      #打开置顶的 URL
print(fp.read(100))                                     #读取网页二进制数据
print(fp.read(100).decode())                            #读取网页数据进行解码
fp.close()
```

【例 9-22】 动态网页交互操作,输入并提交网页参数,读取输出指定 URL 页面内容。

```
import urllib.request
import urllib.parse
parms = urllib.parase.urlencode({"spam":1, "eggs":2, "bacon":0,})    #将提交参数进行编码
url = "http://www.musi-cal.com/cgi-bin/query?%s" % params           #GET 方式提交参数
with urllib.request.urlopen(url) as fp:
print(fp.read(100).decode("utf-8"))                                 #读取网页数据进行解码
```

【例 9-23】 使用 HTTP 代理访问指定 URL 页面内容。

```
import urllib.request
proxies = {"http":"http://proxy.example.com:8080/"}              #代理网站 URL
Opener = urllib.request.FancyURLopener(proxies)                  #打开代理创建代理对象
with opener.open("http://www.python.org") as fp:
print(fp.read().decode("utf-8"))                                 #读取目标网站数据进行解码
```

【例 9-24】 爬取公众号文章中的图片。

```
from re import findall
from urllib.request import urlopen
url = "https://mp.weixin.qq.com/s?__biz = MzI4… = 21#wechat_redirect"  #微信公众号文章地址
with urlopen(url") as fp:                                             #打开网页
    content = fp.read().decode()                                      #读取目标网站数据进行解码
pattern = 'data-type = "png"data-scr = "(.+?)"'                      #提取文章中图片链接的正则表达式
result = findall(pattern,content)                                     #查找所有图片链接地址
for index,item in enumerate(result):                                  #逐个读取图片数据
    with urlopen(str(item)) as fp1:
        with open(str(index) + ".png", "wb") as fp2:                  #生成图片文件 0.png,1.png,…
            fp2.write(fp1.read())                                     #将图片数据写入文件
```

2. scrapy 网络爬虫基本应用

【例 9-25】 爬取指定页面的内容,把网页内容和图片分别保存在文件中。

```
import os
import urllib.request
import scrapy
class MySpider(scrapy.spiders.Spider):
    name = "mySpider"        #爬虫名字
    allowed_domains = ["www.sdib.cn"]
    start_urls = ["http://www.sdibt.edu.cn/info/1026/11238.htm"]  #爬虫的起始页面
    def parse(self,response):
        self.downloadWebpage(response)
        self.downloadImages(response)
        hxs = scrapy.Selector(response)                            #检查网页中的超链接
        sites = hxs.xpath("//ul/li")
        for site in sites:
            link = site.xpath("a/@href").extract()[0]
            if link == "#":
```

```
                continue
            elif link.startswith(".."):                          # 相对地址转换为绝对地址
                next_url = os.path.dirname(response.url)
                next_url += "/" + link
            else:
                next_url = link
            yield scrapy.Request(url = next_url,callback = self.parse_item)
    # 回调函数,对起始页面中的每个超链接起作用
    def parse_item(self,response):
        self.downloadWebpage(response)
        self.downloadImages(response)
    # 下载当前页面中的所有图片
    def downloadImages(self,response):
        hxs = scrapy.Selector(response)
        images = hxs.xpath("//img/@src").extract()
        for image_url in images:
            imageFilename = image_url.splite("/")[-1]
            if os.path.exists(imageFilename):
                continue
            if image_url.startswith(".."):                       # 相对地址转换为绝对地址
                image_url = os.path.dirname(response.url) + "/" + image_url
            fp1 = urllib.request.urlopen(image_url)              # 打开网页图片
            with open(imageFilename,"wb") as fp2:                # 创建本地图片文件
                fp2.write(fp1.read())
            fp1.close()
    def downloadWebpage(self,response):
        filename = response.url.split("/")[-1]
        with open(filename,"wb") as fp:
            fp.write(response.body)
```

在命令提示符下执行:scapy crawl MySpider(MySpider.py),运行爬虫程序,在本地生成对应网页的文件和网页中的图片文件。

3. requests 网络爬虫基本应用

【例 9-26】 爬取指定 URL 网页信息,以文本形式显示获取网页信息。

```
import requests                                      # 导入 requests 模块
r = requests.get("https://www.amazon.cn/")           # 获取指定网页信息
print(r.text)                                        # 以文本形式显示网页信息
```

【例 9-27】 爬取指定 URL 网页中商品分类信息,以文本形式显示获取信息。

```
import requests                                      # 导入 requests 模块
r = requests.get("https://www.jd.com/")              # 获取指定网页信息
import re                                            # 导入正则表达式模块
pa = re.complie(r'<a target = "_blank" class = .+>(.+?)</a>')  # 预编译正则表达式字符串
option = pa.findall(r.text))                         # 查找匹配字符串
for get_text in option:                              # 循环遍历输出商品信息
    print(get_text)
```

运行爬虫程序，网页与爬取网页中的商品信息分类如图 9-10 所示。

图 9-10　网页及爬取网页中的商品信息分类

【例 9-28】 爬取指定 URL 网页中的商品图片，生成对应图片文件。

```
import requests                                    # 导入 requests 模块
pic_url = r"https://images-cn.ssl-images-amazon.com/images/I/41158cWbngL._AC_SR300,300_.jpg"
r = requests.get(pic_url)                          # 获取指定网页图片
r.status_code
with open("pic.jpg","wb") as fp:                   # 生成图片文件
    fp.write(r.content)
```

程序运行后，在当前文件夹生成指定 URL 对应的图像文件 pic.jpg，如图 9-11 所示。

图 9-11　爬取生成的商品图片

9.4　数据分析与处理

学习 Python 数据分析与处理，不仅可以高效处理海量数据，轻松实现各种数据可视化，而且通过搭建数据模型，还能实现业务的智能化分析，无论是百万行的 Excel 数据表格，还是复杂的业务数据分析，几行代码都能轻松搞定，工作效率大大提高；另外，拥有程序员编程思维也会让你抓住人工智能时代的机遇。

1. 数据分析目的

用适当的统计分析方法对收集来的大量数据进行分析，提取有用信息和形成结论，对数据加以详细研究和概况总结。

2. 数据分析步骤

提出问题、理解数据(采集数据、导入数据、查看数据集信息)、数据清洗(数据预处理、特征工程)、构建模型(建立训练测试数据集、选择机器学习算法、训练模型、评估模型准确度、用模型进行预测)、数据可视化。

3. 数据分析相关的 Python 库

① NumPy，是 Python 科学计算的基础包，提供高性能的数组计算功能以及将 C、C++、Fortran 代码集成到 Python 的工具。

② Pandas，提供快速便捷处理结构化数据的大量数据结构和函数。Pandas 兼具 NumPy 高性能的数组计算功能以及 Excel 和关系型数据(SQL)灵活的数据处理能力。Pandas 还提供复杂精细的索引功能，以便更为便捷地完成重塑、切片、切块、聚合和选取数据子集等操作。

③ Matplotlib，最流行的用于绘制数据图表的 Python 库。

④ SciPy，专门解决科学计算的工具集。

⑤ Statsmodels，统计建模和计算经济学，包含统计模型、统计测试和统计数据挖掘等功能。

9.4.1 数据分析模块 Pandas

Pandas 是基于 NumPy 构建、开放源码的 Python 扩展库，它使用强大的数据结构提供高性能的数据操作和分析工具，是使 Python 成为强大且高效的数据分析环境的重要因素之一。Pandas 可以方便地处理 CSV、Excel、网页数据和常见表格等类型数据。

表格的模式是数据模型最好的展现形式之一，Excel 在数据处理中扮演着非常重要的作用。Pandas 是对表格数据模型在 Python 上的模拟实现。

Pandas 基本数据操作主要介绍 CSV 与 Excel 的读/写方法，基本数据处理主要介绍缺失值及特征抽取，最后的 DataFrame 操作主要介绍函数和排序等方法。

1. Pandas 的三种数据结构与 CSV

Pandas 的三种数据结构：

- Series，带标签的一维数组，与 NumPy 中的一维 Array 类似，其结构与 Python 的列表很相近。其区别是：List 中的元素可以是不同数据类型，而 Series 和 Array 中所有元素必须具有相同的数据类型，有效使用内存，提高运算效率。
- DataFrame，带标签且大小可变的二维数组，相当于 Excel 表格结构。
- Panel，带标签且大小可变的三维数组。

CSV 是一种国际通用的一维、二维数据存储格式，文件的扩展名为.csv，可以通过 Excel 软件直接打开。CSV 文件中每行对应一个一维数据(各数据元素用逗号分隔)，文件中的多行形成一个二维数据。

2. Pandas 与 CSV 基本操作

在进行 Pandas 和 CSV 基本操作之前，都需导入相应模块：

```
import numpy as np
import pandas as pd
import csv
```

(1) Series 一维数组创建及操作

```
>>> import pandas as pd
>>> s1 = pd.Series([60,70,80,90,'100'])          # 从列表创建 Series
>>> s1
0     60
1     70
2     80
3     90
4    100
dtype: object
>>> s2 = pd.Series(range(60,101,10))             # 从 range 对象创建 Series
>>> s2
0     60
1     70
2     80
3     90
4    100
dtype: int64
>>> s3 = pd.Series({"梦桐":95,"端端":99,"欣鑫":98})   # 从字典创建 Series
>>> s3
梦桐    95
端端    99
欣鑫    98
dtype: int64
>>> s3.iat[2] = 100                              # 将第 3 个学生成绩修改为 100
>>> s3
梦桐     95
端端     99
欣鑫    100
dtype: int64
>>> s3['欣鑫'] = 98                               # 将欣鑫成绩修改为 98
>>> s3
梦桐    95
端端    99
欣鑫    98
dtype: int64
>>> s3.sort_values(ascending = False)            # 按成绩降序排列,s3 本身顺序未变
端端    99
欣鑫    98
梦桐    95
dtype: int64
>>> s3.replace(95,100)                           # 将所有成绩为 95 的替换为 100
```

```
梦桐    100
端端     99
欣鑫     98
dtype: int64
>>> s3.loc[:] = 0                              # 将所有学生成绩清 0
>>> s3
梦桐      0
端端      0
欣鑫      0
dtype: int64
>>>
```

(2) DataFrame 二维数组创建及操作

创建 DataFrame 对象时,需确定 3 个参数:数据、横轴(index)和竖轴(column)。

```
>>> df = pd.DataFrame(np.random.randn(8,6),                                    # 数据
                      index = pd.date_range('01/01/2020',periods = 8),   # 索引
                      columns = list('ABCDEF'))                                # 列名
>>> print(df)
                   A          B          C          D          E          F
2020-01-01   0.131448   0.517470   1.231558   0.540379  -0.649398   0.964937
2020-01-02  -1.687463   1.406961   1.049611  -1.603851  -0.332927  -2.743539
2020-01-03   1.161799   0.689544   0.288134  -0.297411   0.980692  -0.651802
2020-01-04   1.082689   0.445417  -0.427195   0.688319  -0.891877  -0.884046
2020-01-05  -0.940487   0.216001  -1.612890  -0.333960   1.002021   0.939755
2020-01-06  -0.307998   0.101155   0.199866   0.042611   1.598709   0.900481
2020-01-07   1.111520   2.109901   0.356954   1.048451  -1.471467   0.400479
2020-01-08   0.290519  -0.035787   0.954531  -1.451629  -0.466559   0.069739
>>> df = pd.DataFrame([[95,98,99],[95,97,90],[97,93,99],[90,92,93],[95,92,92]],
                      index = ['梦桐','端端','欣鑫','晓晓','娇娇'],
                      columns = ['高数','英语','Python'])
>>> print(df)
      高数  英语  Python
梦桐   95    98     99
端端   95    97     90
欣鑫   97    93     99
晓晓   90    92     93
娇娇   95    92     92
>>> df.head(3)                                   # 前 3 行
      高数  英语  Python
梦桐   95    98     99
端端   95    97     90
欣鑫   97    93     99
>>> df.tail(2)                                   # 后 2 行
```

```
        高数   英语   Python
晓晓    90     92     93
娇娇    95     92     92
>>> df.sort_values(by='Python')                      #按 Python 升序排列
        高数   英语   Python
端端    95     97     90
娇娇    95     92     92
晓晓    90     92     93
梦桐    95     98     99
欣鑫    97     93     99
>>> df.sort_values(by='Python',ascending=False)      #按 Python 降序排列
        高数   英语   Python
梦桐    95     98     99
欣鑫    97     93     99
晓晓    90     92     93
娇娇    95     92     92
端端    95     97     90
>>> df['Python']                                     #查询 Python 成绩
梦桐     99
端端     90
欣鑫     99
晓晓     93
娇娇     92
Name: Python, dtype: int64
>>> df[['高数','Python']]                            #查询高数、Python 成绩
        高数   Python
梦桐    95     99
端端    95     90
欣鑫    97     99
晓晓    90     93
娇娇    95     92
>>> df[1:4]                                          #查询第 2、3、4 行数据
        高数   英语   Python
端端    95     97     90
欣鑫    97     93     99
晓晓    90     92     93
>>> df.loc[['梦桐','欣鑫'],['高数','Python']]        #查询多行多列数据
        高数   Python
梦桐    95     99
欣鑫    97     99
>>> df.iat[0,2]=98                                   #修改 1 行 3 列成绩
>>> df.at['梦桐','Python']                           #查询修改后的成绩
98
>>> df.replace(99,100)                               #将所有成绩为 99 的替换为 100
        高数   英语   Python
```

```
梦桐  95    98      98
端端  95    97      90
欣鑫  97    93     100
晓晓  90    92      93
娇娇  95    92      92
```

(3) 使用 Pandas 读/写 Excel 和 CSV 文件

在数据分析过程中，经常从 Excel 或者 CSV 文件中读取数据到 DataFrame 中，在 DataFrame 中进行处理：

```
df = pd.read_excel('g:\\score.xlsx', sheet_name = 'Sheet1')
```

或

```
df = pd.read_csv('g:\\student.csv')
```

同样，也可以将数据处理结果 DataFrame 对象数据保存到 Excel 或 CSV 文件中，使用 to_excel 或 to_csv 函数：

```
df.to_excel('g:\\score.xlsx', sheet_name = 'Sheet1')
```

或

```
df.to_csv('g:\\student.csv')
```

CSV 文件的其他读/写操作：

```
csv_w = csv.writer(csvfile)                           #生成 writer 对象
csv_w.writerow(row)                                   #将一行数据写入 CSV 文件
csv_w.writerows(rows)                                 #将多行二维数据写入 CSV 文件
csv_r = csv.reader(csvfile)                           #生成 reader 对象
for row in csv_r:                                     #按行遍历 CSV 文件
    print(row)
```

9.4.2 CSV 应用实例

【例 9-29】 使用标准库 CSV 将学生入学信息写入 CSV 文件中，然后再读出学生入学信息。

```
import csv                                                     #导入 CSV 模块
stu_list1 = [ ['1001','梦桐','女','物流管理',660],              #二维数据
              ['1002','端端','女','物流管理',650],
              ['1003','欣鑫','女','物流管理',645],
              ['1004','晓晓','女','物流管理',630]]
with open('g:\\python\\python_2020\\stu.csv','w',newline = '') as fp:
    stu_w = csv.writer(fp)                                     #生成 writer 对象
    stu_w.writerow(['学号','姓名','性别','专业','入学成绩'])    #将一维列表写入 CSV 文件
    stu_w.writerows(stu_list1)                                 #将二维列表写入 CSV 文件
stu_list2 = []
```

```
with open('g:\\python\\python_2020\\stu.csv','r',newline = '') as fp:
    stu_r = csv.reader(fp)                        #生成 reader 对象
    for stu in stu_r:                             #按行遍历 CSV 文件
        print(stu)
```

执行结果：

```
['学号','姓名','性别','专业','入学成绩']
['1001','梦桐','女','物流管理','660']
['1002','端端','女','物流管理','650']
['1003','欣鑫','女','物流管理','645']
['1004','晓晓','女','物流管理','630']
```

分析：CSV 是一种国际通用的一维、二维数据存储格式，文件的扩展名为.csv，可以通过 Excel 软件直接打开。CSV 文件中每行对应一个一维数据(各数据元素用逗号分隔)，文件中的多行形成一个二维数据。

9.5 数据可视化

数据采集、数据分析和数据可视化是数据分析完整流程的 3 个主要环节。数据可视化就是使用统计图形、图表、信息图形和其他图形工具清晰有效地表示传达信息。

有效的可视化有助于数据分析和推理，它使复杂的数据更易于访问，易于理解和使用。

数据可视化是数据科学或机器学习项目数据探索和结果交流的重要组成部分。Python 扩展库 Matplotlib、VisPy、Boken 和 Seaborn 等为数据可视化提供了强大的功能支持。

- Matplotlib，数据可视化最主要的 Python 扩展库，在科学计算可视化和数据可视化领域都有重要应用。
- VisPy，高性能交互式 2D/3D 数据可视化 Python 扩展库，利用现代图形处理单元通过 OpenGL 库的计算能力显示非常大的数据集。
- Boken，用于 Python 的交互式可视化扩展库，快速创建交互式绘图、仪表板和基于数据的应用程序，在 Web 浏览器中实现美观而有意义的数据视觉呈现。
- Seaborn，建立在 Matplotlib 之上，提供一整套展现强大功能的统计图形。

下面主要介绍 Matplotlib 数据可视化应用。

9.5.1 Matplotlib 简介

Matplotlib 是基于 NumPy 数组和 tkinter 构建的多平台数据可视化库。虽然 R 语言中的 ggplot 和 ggvis 是更新更好的工具，但 Matplotlib 仍然是一个跨平台的图形引擎。Matplotlib 是一个 Python 2D 绘图库和一些基本的 3D 图表，可以绘制柱形图、折线图、饼图、散点图和雷达图等。Matplotlib 可用于 Python 脚本、Python sell、Jupyter 笔记本、Web 应用程序服务器等环境，在科学计算可视化和数据分析可视化领域有重要应用。

在 Python 中调用 Matplotlib，通常使用“Import matplotlib.pyplot”，调用 Matplotlib 集成的快速绘图 pyplot 模块。

扩展库 Matplotlib 可以通过在线方式直接安装，也可以下载安装：

```
pip install matplotlib
```

下载地址：https://github.com/matplotlib/matplotlib。

9.5.2 数据可视化实例

扩展库 Matplotlib 能够在各种平台上使用，可以绘制柱形图、折线图、圆饼图、散点图和雷达图等，如下：

- 柱形图，常用于较小的数据集分析，描述不同组数据之间的差别和变化趋势。
- 折线图，主要用于表示数据变化的趋势，用直线将不同的点连接起来。
- 圆饼图，适合描述数据的分布，尤其描述各类数据占比的场景。
- 散点图，主要的作用是判断两个变量之间关系的强弱或者是否存在关系。
- 雷达图，主要是把多维度信息在同一个图上展示出来或显示一个周期数值的变化。

【例 9 - 30】 对抗击肺炎、昨天新增确诊国家 Top10(海外疫情)绘制柱形图，并设置图形属性和文本标注。

```
import numpy as np                                    #导入 Numpy 模块
import matplotlib.pyplot as plt                       #导入 matplotlib.pyplot 绘图模块
v_dic1 = {"美国":25945, "巴西":16598, "俄罗斯":10559, "英国":10517, "印度":6500}
v_dic2 = { "法国":3640, "秘鲁":3630, "西班牙":3121, "加拿大":2850, "土耳其":2253}
v_dic1.update(v_dic2)
v_k_lst = list(k for k in v_dic1)
v_v_lst = list(v for v in v_dic1.values())
#中文乱码处理
plt.rcParams["font.sans-serif"] = ["SimHei"]
plt.rcParams["axes.unicode_minus"] = False
#绘制柱形图
plt.bar(range(10),v_v_lst,color = "red",alpha = 0.8,edgecolor = "blue",
linestyle = "--",
linewidth = 1)
#添加轴标签
plt.ylabel("新增人数")
#添加标题
plt.title("昨日新增确诊国家 Top10(海外疫情)")
#添加刻度标签
plt.xticks(range(10),v_k_lst)
#设置 Y 轴刻度范围
plt.ylim([0,30000])
#为柱形图添加数值标签
for x,y in enumerate(v_v_lst):
    plt.text(x,y + 100,"%s" % y,ha = "center")
#显示图形
plt.show()
```

执行结果如图 9 - 12 所示。

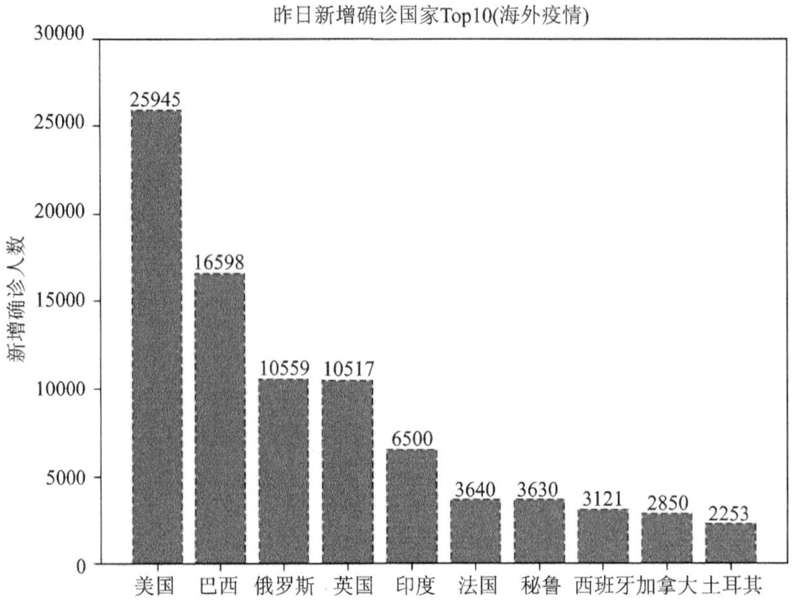

图 9-12　疫情 Top10 柱形图(垂直)

分析:柱形图常用于较小的数据集分析,描述不同组数据之间的差别和变化趋势。如何修改程序,使执行结果为如图 9-13 所示的水平方向柱形图?

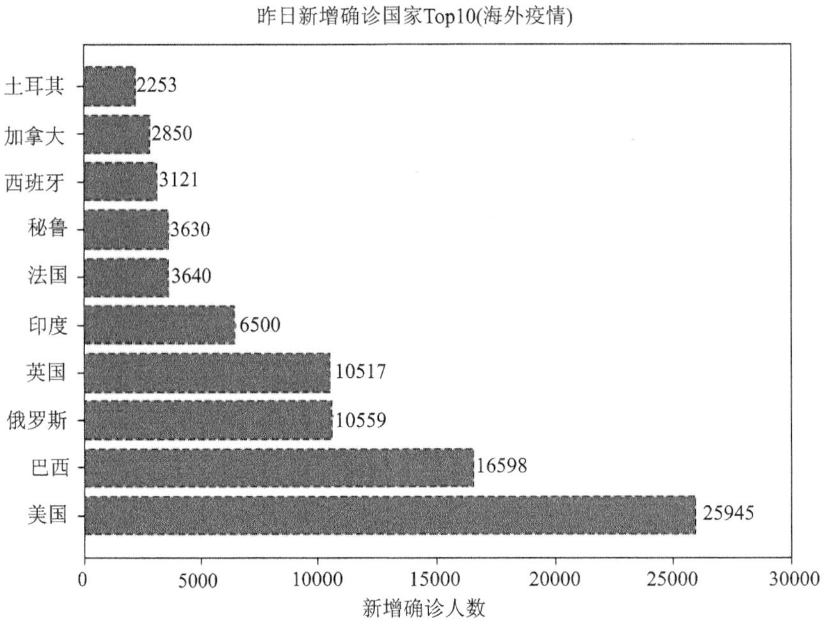

图 9-13　海外疫情 Top10 柱形图(水平)

【例 9-31】　对抗击肺炎、昨日新增确诊趋势(海外疫情)绘制折线图,并设置图形属性和文本标注。

```
import numpy as np                                          # 导入 NumPy 模块
import matplotlib.pyplot as plt                             # 导入 matplotlib.pyplot 绘图模块
v_dic1 = {"2.15":1000, "2.20":1500, "2.25":2000, "2.31":3000, "3.06":4000, "3.11":5000}
v_dic2 = {"3.16":16000, "3.21":43000, "3.26":64000, "3.31":72000, "4.05":76000}
v_dic3 = { "4.10":94000, "4.15":82000, "4.20":79000, "4.25":84000,"4.30":98000}
v_dic1.update(v_dic2)
v_dic1.update(v_dic3)
v_k_lst = list(k for k in v_dic1)
v_v_lst = list(v for v in v_dic1.values())
#中文乱码处理
plt.rcParams["font.sans-serif"] = ["SimHei"]
plt.rcParams["axes.unicode_minus"] = False
plt.plot(v_k_lst,v_v_lst,color = "r",lw = 3)                # 绘制折线图
#添加轴标签
plt.ylabel("新增人数")
plt.xlabel("日期")
plt.title("昨日新增确诊趋势(海外疫情)")                       # 添加标题
plt.xticks(range(16),v_k_lst)                               # 添加刻度标签
plt.ylim([0,120000])                                        # 设置 Y 轴刻度范围
#为折线图添加数值标签
for x,y in enumerate(v_v_lst):
    plt.text(x,y + 100," %s" % y,ha = "center")
plt.show()                                                  # 显示图形
```

执行结果如图 9-14 所示。

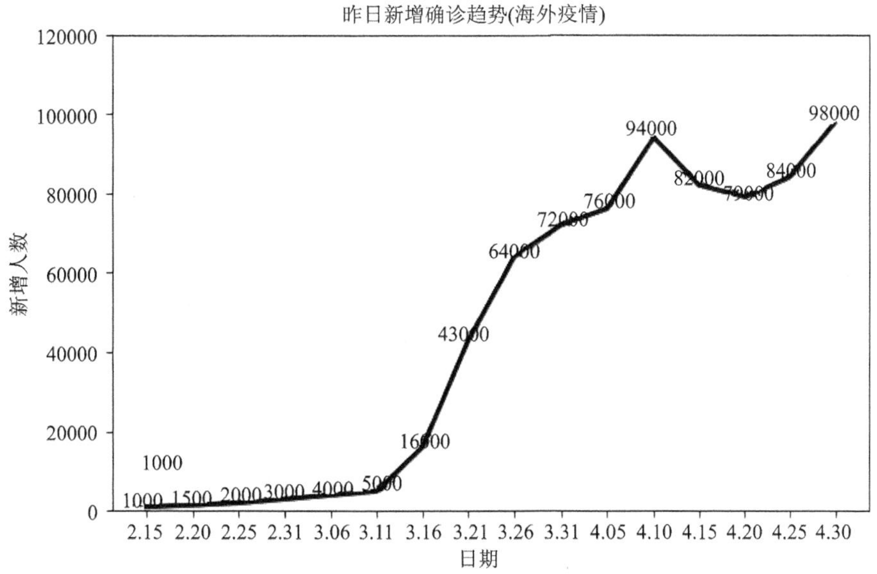

图 9-14　海外疫情新增确诊趋势(折线图)

分析:折线图主要用于表示数据变化的趋势,用直线将不同的点连接起来。

【例 9-32】　对抗击肺炎、昨天新增确诊国家占比 Top10(海外疫情)分析绘制圆饼图,并设置图形属性和文本标注。

```
import numpy as np                                                   # 导入 NumPy 模块
import matplotlib.pyplot as plt                                      # 导入 matplotlib.pyplot 绘图模块
plt.style.use("ggplot")
v_dic1 = {"美国":25945, "巴西":16598, "俄罗斯":10559, "英国":10517, "印度":6500}
v_dic2 = { "法国":3640, "秘鲁":3630, "西班牙":3121, "加拿大":2850, "土耳其":2253}
v_dic1.update(v_dic2)
v_k_lst = list(k for k in v_dic1)
v_v_lst = list(v for v in v_dic1.values())
n = sum(v_v_lst)
edu = list(x/n for x in v_v_lst)
explode = [1,0,0,0,0,0,0,0,0,0]
colors = ["red","yellow","blue","green","red","yellow","blue","green","red","yellow"]
#中文乱码处理
plt.rcParams["font.sans-serif"] = ["SimHei"]
plt.rcParams["axes.unicode_minus"] = False
plt.axes(aspect = "equal")
plt.xlim(0,9)
plt.ylim(0,9)
#绘制圆饼图
plt.pie(x = edu,explode = explode,labels = v_k_lst,colors = colors,autopct = "%.1f%%",
        pctdistance = 0.7,labeldistance = 1.15,startangle = 180,radius = 3.5,
        counterclock = False,wedgeprops = {"linewidth":1,"edgecolor":"green"},
        textprops = {"fontsize":10,"color":"k"},center = (4.5,4.5),frame = 1)
plt.xticks(())
plt.yticks(())
#添加标题
plt.title("昨日新增确诊国家占比 Top10(海外疫情)")
plt.show()
```

执行结果如图 9-15 所示。

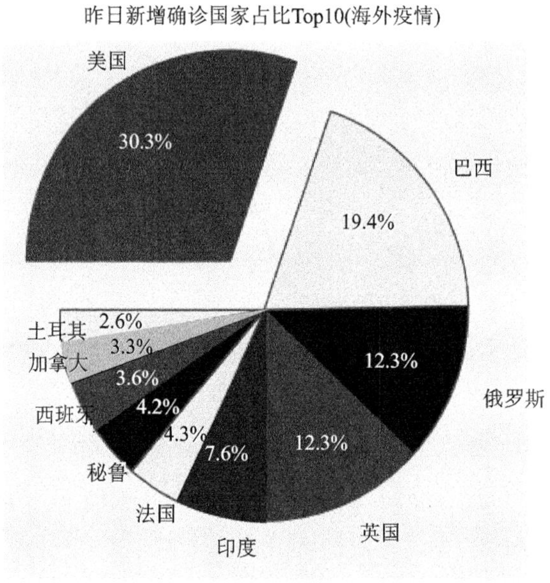

图 9-15 海外疫情新增确诊国家占比 Top10 圆饼图

分析:圆饼图适合描述数据的分布,尤其适合描述各类数据占比的场景。

【例 9-33】 绘制带有中文标题、标签的 sin 曲线图。

```
import numpy as np                              # 导入 NumPy 模块
import matplotlib.pyplot as plt                 # 导入 matplotlib.pyplot 绘图模块
x = np.arange(0,10,0.1)
y = np.sin(x)
plt.bar(x,y,width = 0.4,linewidth = 0.2)
plt.plot(x,y,"--",linewidth = 2)
plt.title("sin 曲线")
plt.xlabel("X")
plt.ylabel("Y")
# 中文乱码处理
plt.rcParams["font.sans-serif"] = ["SimHei"]
plt.rcParams["axes.unicode_minus"] = False
plt.show()
```

执行结果如图 9-16 所示。

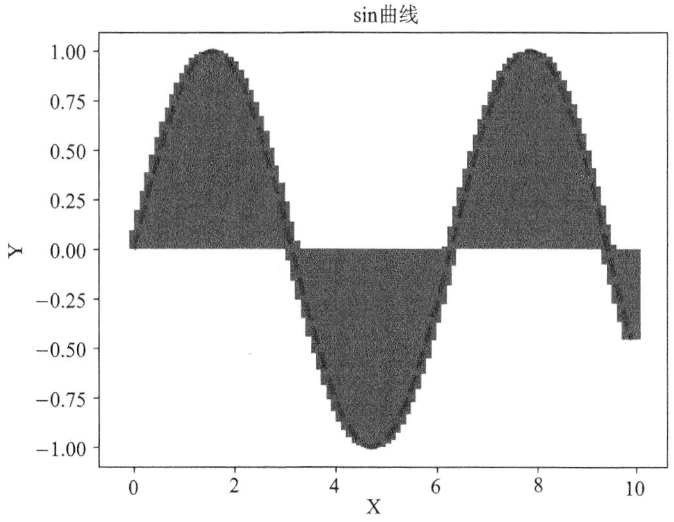

图 9-16 sin 曲线

分析:如何修改程序,使执行结果为 cos 曲线?

【例 9-34】 模拟数据,绘制雷达图。

```
import numpy as np                              # 导入 NumPy 模块
import matplotlib.pyplot as plt                 # 导入 matplotlib.pyplot 绘图模块
labels = np.array(list("ABCDEFGHIJ"))
data = np.array([11,4] * 5)
datalength = len(labels)
angles = np.linspace(0,2 * np.pi,datalength,endpoint = False)
data = np.concatenate((data,[data[0]]))
angles = np.concatenate((angles,[angles[0]]))
```

```
fig = plt.figure()
ax = fig.add_subplot(111,polar = True)
ax.plot(angles,data,"bo - ",linewidth = 2)
ax.fill(angles,data,facecolor = "r",alpha = 0.25)
ax.set_thetagrids(angles * 180/np.pi,labels)
ax.set_title("雷达图",va = "bottom")
ax.set_rlim(0,12)
ax.grid(True)
#中文乱码处理
plt.rcParams["font.sans - serif"] = ["SimHei"]
plt.rcParams["axes.unicode_minus"] = False
plt.show()
```

执行结果如图 9-17 所示。

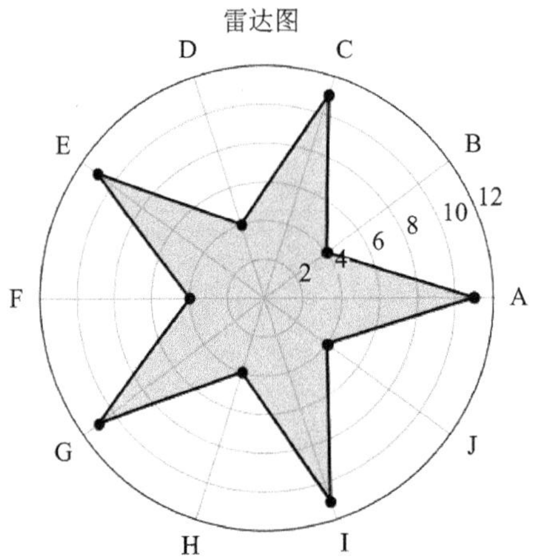

图 9-17　雷达图

9.6　AI

AI(Artificial Intelligence,人工智能)是当前新一代信息技术发展的热点,也是重要的发展方向。进入 21 世纪,随着计算能力的提高、海量数据的使用、复杂算法技术的突破,AI 进入了实质性的发展应用阶段。

9.6.1　AI 应用

从 20 世纪末的 IBM 计算机国际象棋系统首次击败卫冕世界国际象棋冠军,到 2016 年、2017 年两次击败围棋世界冠军和世界排名第一的两名人类职业围棋顶尖高手的 AlphaGo,特别是在 2020 年初新冠肺炎"战疫"中,在疫情监测分析、病毒溯源、防控救治、资源调配等方面,都闪现着大数据、AI、云计算等数字技术的身影。

目前,疫情面临的最大挑战是疫情相关人群的动向,因此,疫情防控就显得尤为重要。

AI 使得疫情管控能力不断提升,这得益于以深度学习为代表的 AI 技术对海量非结构化数据的端到端的建模能力。采用 AI 及大数据工具打造的追踪及查询平台,能够智能整合匹配患者信息、交通信息、地理信息、医用物资信息等多维度数据,对整体人流迁移情况、交通疾控管制、同行人群搜索、物资需求对接等多项功能提供可视化展示及搜索工具,完成对患者及接触者跟踪及智能匹配分析等任务,实现医用物资高效对接,极大提升了疫情管控效率。其中,与感染者密切接触的人,自身被感染的风险更高,并且有可能进一步传染他人,因此,追踪这些密切接触者有助于将高危人群第一时间进行护理和治疗,防止病毒扩散,而基于大量的用户数据,进行 AI 接触者追踪对防止疫情扩散具有较大帮助。

AI 的其他重要应用:智能手机、无人驾驶、机器人、语言播报问答系统、语音识别、购物推荐、人脸视频识别系统、指纹门禁系统、新闻资讯推荐等。

9.6.2 AI 技术

AI 是计算机科学的一个分支,它企图了解智能的实质,并生产出一种新的能以人类智能相似的方式做出反应的智能机器,包括机器人、语言识别、图像识别、自然语言处理和专家系统等。

AI 可以对人的意识、思维的信息过程进行模拟。AI 不是人的智能,但能像人一样思考,甚至超过人的智能。

AI 背后的主要技术支撑包括:机器学习、深度学习和 Python 语言等。

1. 机器学习

机器学习(Machine Learning,ML)是计算机科学的一个领域,用大量的数据积累,让计算机从大量的数据中学习。常见的机器学习算法:线性回归、决策树和神经网络等。

2. 深度学习

深度学习(Deep Learning,DL)是机器学习的技术和研究领域之一,是机器学习中的多层神经网络,可以自主地从大量数据中分析学习。

3. 人工智能、机器学习与深度学习三者之间的关系

人工智能、机器学习与深度学习三者之间的关系就是人工智能包含机器学习,机器学习包含深度学习。

4. Python 语言

大多数人工智能产品代码主要由 Python 编写。

9.6.3 Python 在 AI 中的优势

工欲善其事,必先利其器。AI 需要进行大量科学计算,Python 因为它的高可靠性和高效性,特别是大量的扩展库功能优势,可以快速实现 AI 的相应系统开发,是最佳编程语言之一。

Python 以简单的语法、更好的可读性、更少代码的功能实现、丰富而功能强大的 AI 扩展库、强大的无缝拼接"胶水"功能、跨平台移植和巨大的开发者社区的支持,使其编码功能实现灵活而高效。Python 语言在 AI 开发设计中最受推崇,其主要优势表现在:

- 以更加人性化的设计,快速、可移植、可扩展、开源免费、学习简单、内置强大的库等特点,使其更适合学习、普及,以及 AI 开发设计。
- AI 编程库以及大量的第三方库,为 Python 语言提供强大的 AI 编程功能支持。

- 强大的机器学习库功能支持。
- 开源的自然语言和文本处理分析库。
- 强大的"胶水"功能,实现多种不同语言编写程序的无缝拼接,发挥不同语言和工具的优势。

Python 是时代发展的选择,是大数据时代的选择。除了上述优势以外,Python 还使得原型设计更加快捷,并且具有更加稳定的架构。

本章小结

由于 Python 语言具有的特点,以及强大的标准库、扩展库功能支持,其已渗透到开发的所有专业领域。本章比较详细地介绍了 Python 的图形用户界面设计、数据库操作、大数据应用(网络爬虫)、数据分析与处理、数据可视化和 AI 应用等内容。

标准库 tkinter 是 Python 自带的 GUI 开发包,只需导入 tkinter 相应模块,并引用相关对象,即可实现各种 GUI 的功能设计。

Python 访问关系型数据库进行读/写操作的主要步骤:建立应用程序与数据库的连接,创建数据库连接对象;创建数据库游标对象;利用游标对象执行 SQL 语句命令;若是 insert、update 和 delete 操作,则提交数据库;若是 select 操作,则返回查询结果;关闭与数据库的连接。

网络爬虫就是按照某种规则在互联网上自动抓取有价值信息的一段程序。通过网络爬虫程序,模拟网页浏览、搜索、复制、粘贴等操作,抓取所需要的数据或信息,再应用数据分析技术,为最终目标的实现提供决策依据。Python 丰富的标准库以及扩展库 urllib、requests、scrapy 和 BeautifulSoup 等为网络爬虫提供了强大的功能支持。

数据采集、数据分析、数据可视化是数据分析完整流程的 3 个主要环节。Pandas 是基于 NumPy 构建的 Python 图形绘制模块,可以方便地处理 CSV、Excel、网页数据和常见表格等类型数据。

数据可视化就是使用统计图形、图表、信息图形和其他图形工具清晰有效地表示传达信息。有效的可视化有助于数据分析和推理,它使复杂的数据更易于访问,易于理解和使用。Matplotlib 是数据可视化最主要的 Python 扩展库,在科学计算可视化和数据可视化领域都有重要应用。

习题 9

1. 分析并运行例 9-1 中的程序。
2. 分析并运行例 9-2 中的程序。
3. 分析并运行例 9-16 中的程序。
4. 分析并运行例 9-17 中的程序。
5. 分析并运行例 9-18 中的程序。
6. 修改例 9-26 程序中的 URL,爬取网页中的商品分类信息,并以文本的形式显示。
7. 修改例 9-27 程序中的 URL,爬取网页中的商品图片,生成对应图片文件。
8. 修改例 9-28 程序中的数据为学号、姓名、高数、英语、Python,运行程序。

9．修改例 9 - 30 程序，将垂直柱形图改为水平显示。

10．分析并运行例 9 - 31 中的程序。

11．分析并运行例 9 - 32 中的程序。

12．修改例 9 - 33 中的程序，将 sin 曲线改为 cos 曲线。

13．分析并运行例 9 - 34 中的程序。

附录 A

Python 上机实验

实验 1　Python 编程环境

一、实验目的

1. 了解 Python 程序的基本框架，编写简单的 Python 程序；
2. 熟悉 Python 语言的编程环境 IDLE；
3. 掌握命令式编程和函数式编程两种方式运行 Python 程序的基本步骤；
4. 掌握标准库中对象的导入与使用方法。

二、实验内容

1. 安装、设置、启动 Python 集成开发环境。
2. 用 IDLE 的交互解释界面，通过 print 在屏幕上运行、调试、输出如下语句。

```
print("中国人，我骄傲！ 我自豪!")
print("中国梦，我的梦!")
Print("好好学习，天天向上!")
Print("请珍惜，我们这个伟大的时代!")
```

3. 用 IDLE 的函数式(脚本方式)将上述代码保存到 my_first. py 文件里，运行并调试。
4. 编写 Python 程序，计算一个圆柱的体积。要求圆半径和高通过变量直接赋值。
5. 编写 Python 程序，键盘输入直角三角形的两条直角边长，计算斜边的长度(调用库函数 sqrt)。

实验 2　Python 序列结构设计

一、实验目的

1. 掌握列表、元组、字典和集合的类型特点以及自身提供的方法；
2. 熟练掌握运算符和内置函数对列表、元组、字典和集合的应用操作；
3. 掌握有序序列的切片操作方法。

二、实验内容

1. 定义本寝室学生列表 stu_bedc，包括每个学生的姓名和年龄信息。完成如下操作：

(1) 将“梦桐，20”添加到列表后面(append 方法)。

(2) 将“端端，21”插入到列表第一个位置(insert 方法)。

(3) 按姓名查找本人信息(index 方法和 in 成员运算符)。

(4) 通过切片截取(读取)第 2 个学生开始的所有室友信息。

(5) 将本人的年龄增加 1 岁。

(6) 删除“梦桐”信息(del 函数)。

(7) 复制学生列表为 stu_bedc_copy,并与原列表合并(extend 方法、直接合并)。

(8) 统计某年龄学生人数(count 方法)。

2. 元组类似于列表,但元组不能对其元素进行变动,而列表允许。用元组完成第 1 题所有操作(哪些操作不能完成)。

3. 字典属于典型的一对一映射关系的数据类型,是可变的无序集合,使用接近于列表操作。用字典完成第 1 题所有操作(哪些操作不能完成)。

4. 编写程序,键盘输入 N 个成绩并存储在列表中。统计输出平均成绩和高于平均成绩的人数。

实验 3　Python 控制结构设计

一、实验目的

1. 熟练掌握关系运算和逻辑运算在程序设计中的应用;

2. 熟练掌握 if-else 语句实现多分支选择结构的方法;

3. 熟练掌握 3 种循环控制结构在程序设计中的应用;

4. 熟练掌握 break 语句和 continue 语句在循环结构中的使用。

二、实验内容

1. 编写程序,判断某一年是否是闰年:能被 4 整除,但不能被 100 整除;能被 4 整除,又能被 400 整除,满足二者之一就是闰年。

2. 键盘输入 3 个数(代表 3 条线段的长度),判断是否构成三角形,如果构成三角形,进一步判断是否为等边三角形或直角三角形。

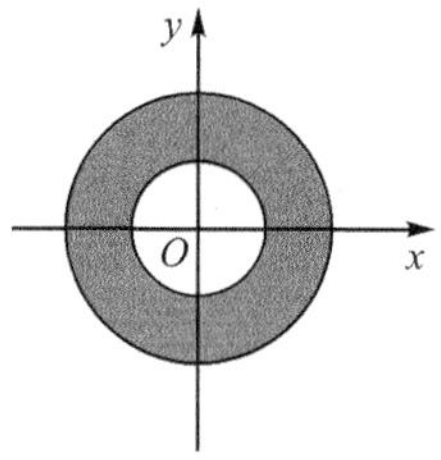

3. 输入直角坐标系中点 P 的坐标(x,y),若 P 点在右图中的阴影区域内,则输出阴影部分面积,否则输出数据 0。

4. 编写程序,输入上网的时间,计算上网的费用,计算方法如下:

$$费用=\begin{cases}每小时 3.0 元, & <10\ h \\ 每小时 2.5 元, & 10\sim50\ h \\ 每小时 2 元, & \geq50\ h\end{cases}$$

同时,为了鼓励多上网,每月收费最多不超过 130 元。

提示:先按上述公式计算费用,然后判断费用是否超出 130 元,超出就按 130 元计算费用。

5. 编写程序,判断 2000～2050 之间哪些是闰年。

6. 编写程序,计算 3!+5!+7!。

7. 键盘输入一组学生 3 门课程的成绩,要求:

(1) 计算和输出每名学生的平均成绩、最高分和最低分。

(2) 计算所有学生的总平均成绩。

(3) 每次完成 1 名学生成绩的计算、输出,就判断是否继续其他学生成绩的输入。

实验 4　Python 函数设计

一、实验目的

1. 熟练掌握函数的定义和调用方法;
2. 熟练应用传值(不可变对象)调用和引用调用(可变对象)编写函数;
3. 熟练掌握函数的递归调用;
4. 掌握变量的作用域。

二、实验内容

1. 编写函数,计算长方体的体积,长、宽和高由键盘输入。

2. 编写函数,在一个有序列表中插入一个数(键盘输入),仍然有序。

3. 编写函数,计算 X^Y(X、Y 键盘输入)。

(1) 自定义递归函数,调用实现。

(2) 自定义一般函数,调用实现。

4. 编写函数,采用冒泡法排序,实现对存储在列表中的学生成绩进行降序排列。

要求:(1) 不能用内置函数实现;

　　(2) 成绩列表自己定义。

实验 5　Python 面向对象程序设计

一、实验目的

1. 掌握类和派生类的定义和构造方法;
2. 掌握对象的声明和使用方法;
3. 掌握面向对象程序设计编程的基本方法。

二、实验内容

1. 定义圆类 circle,具有相应数据成员,设置、输出数据成员以及求一个圆的面积和周长的功能。

2. 继承圆类 circle,派生构造圆柱类,具有相应数据成员,设置、输出数据成员以及求圆柱体积的功能。

3. 设计楼房类,包含楼的长、宽、层数及每平方米单价等数据成员,并具有求楼房的面积及总价的功能。

4. 设计一个立方体类 Box,具有相应数据成员,设置、输出数据成员以及求立方体体积的功能。派生构造子类 Box1,增加 Box 颜色、材质、类型和计算立方体表面积的功能。

实验 6　Python 文件应用

一、实验目的

1. 理解文件的概念，了解数据在文件中的存储方式；
2. 掌握文本文件的读/写方法；
3. 掌握二进制文件的读/写方法。

二、实验内容

1. 将键盘输入的一组成绩(−1 结束输入)写入磁盘文件 stu_s.dat，然后再从文件读出输出。
2. 将 26 个小写英文字母写入 data.txt 文件，然后再从文件读出 26 个字母。
3. 将 stu_s.dat 文件进行复制备份。
4. 将不同类型数据写入二进制文件 data2020.dat，然后再读取二进制文件，输出数据。

要求：(1) 使用 pickle 模块读/写二进制文件；
　　(2) 使用 dump()方法将数据序列化写入文件；
　　(3) 使用 load()方法读取二进制文件进行反序列化，还原为原来的信息。

实验 7　Python 异常处理

一、实验目的

1. 了解异常基本概念及其常见表现形式；
2. 理解处理异常的必要性；
3. 掌握异常的处理结构。

二、实验内容

1. 编写程序，将字符串写入文本文件，然后再读取输出。

要求：增加异常处理结构，考虑文件不存在和无法创建文件的情况。

2. 编写程序，创建一个字典，然后输入一个内容作为键，并输出字典中对应元素的值。

要求：如果输入的键不存在就进行适当的提示，如果输入 quit 就结束程序。

3. 编写程序，输入两个整数 start 和 end，然后输出两个整数之间的一个随机数。

要求：考虑输入非整数和 start > end 的异常情况，进行相应提示输出。

实验 8　Python 应用(提高与拓展)

一、实验目的

1. 掌握图形用户界面设计方法；
2. 掌握数据分析可视化的方法和应用；
3. 掌握 Python 网络爬虫基本流程和爬取数据信息的基本方法。

二、实验内容

1. 模拟用户登录，实现用户登录界面设计。如果输入正确的用户名和密码，并且选中“记住我”复选框，下次登录时将自动输入用户名和密码。

要求：使用 tkinter 标准库的 Entry 组件实现用户名和密码的输入。

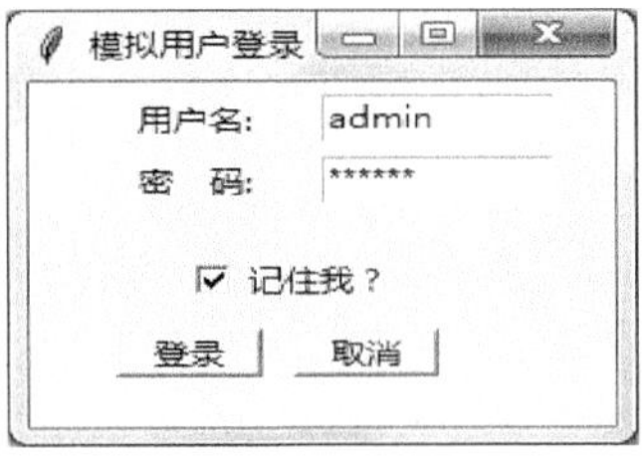

2. 编写程序，绘制正弦和余弦图像。要求：具有中文标题、标签和图例，使用 NumPy 扩展库和 matplotlib 扩展库。

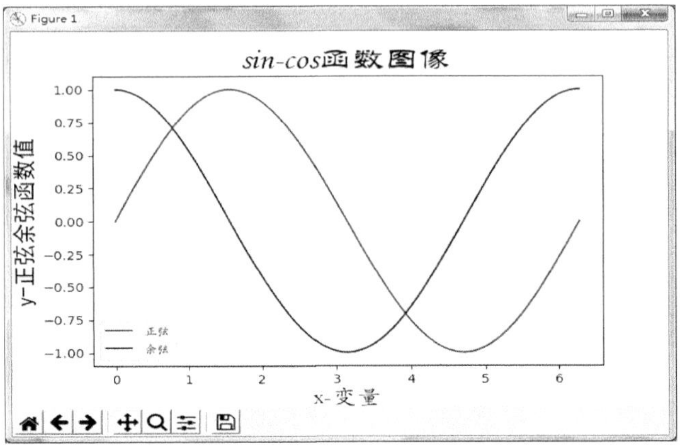

3. 编写程序，使用标准库 CSV 将 2019 年全球科研机构 Top20 信息写入 CSV 文件中，同时使用 matplotlib. pyplot 绘图模块绘制直方图。

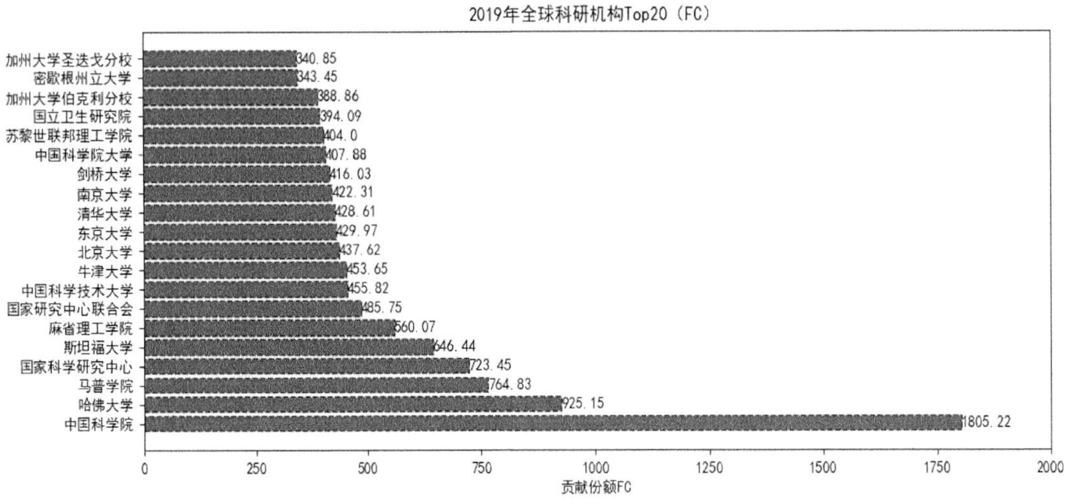

4. 编写网络爬虫程序，爬取指定 URL 网页中的商品分类信息，以文本形式显示获取信息；爬取指定 URL 网页中的商品图片，生成对应图片文件。

附录 B

Python 自测题

自测题 1

一、填空题(本题 16 分,每小题 1 分)

1. Python 是一门跨平台、开源、免费的________型高级动态编程语言。
2. 算法是解决某个问题或处理某件事的________。
3. Python 自带开发工具 IDLE(中文全称:________)。
4. Python 支持命令式编程和________式编程两种方式。
5. Python 库或模块,是指一个包含________定义、类定义或常量的 Python 程序文件。
6. Python 扩展库安装命令:________。
7. Python 中,表达式“0.5－0.1＝＝0.4”的值是________。
8. “x＝"中国梦我的梦",x * 3”的值________。
9. “x_set＝{'中','国','梦'}”,表达式“'梦' in x_set”的值是________。
10. 字符串格式化,“print('%c,%d' % (66,98))”输出结果为________。
11. 为避免对字符串中的转义字符进行转义,字符串前面加上________表示原始字符串。
12. “for i in range(1,10,2):print(i,end=" ")”的结果为________。
13. “x＝[1,2,3],x.append(4)”,列表 x 为________。
14. “aList＝[1,2,3,4,5,6,7,8]”,切片“aList[::2]”的结果为________。
15. “g = lambda x, y＝2, z＝3 : x＋y＋z; print(g(2,z＝4))”的结果为________。
16. 数据采集、数据分析、________是数据分析完整流程的 3 个主要环节。

二、判断题(本题 10 分,每小题 1 分)

1. Python,每个 import 语句只导入一个模块。(　　)
2. 返回[10,80)区间中的随机整数:n＝random.randint(10,80)。(　　)
3. Python 变量并不直接存储值,而是存储值的内存地址或引用。(　　)
4. for 是 Python 中合法的变量名。(　　)
5. 合法的列表对象:[{3},{5:6},(1,2,3),['c','d']]。(　　)
6. 表达式“4 and 8”的值为 4。(　　)
7. 字典属于无序可变序列。(　　)
8. Lambda 表达式常用来声明匿名函数(临时使用的没有名字的小函数)。(　　)
9. 代码的重复使用是函数的重要特点。(　　)
10. 递归调用就是函数直接调用自身。(　　)

三、阅读程序(本题 27 分,其中,1～5 每小题 4 分,第 6 小题 7 分)

1. 写出下述代码的运行结果。

```
def add6(v):
    return v + 6
x_set = list(map(add6,range(4)))
print(x_set)
```

2. 写出下述循环语句的等价列表推导式。

```
aList = [ ]
for x in range(20)
    aList.append(x + x)
```

等价列表推导式：

3. 写出下述代码的运行结果。

```
n = 4
for x in range(n):
    Print(('*'*x).center(n*3))
for x in range(n,0,-1):
    Print(('*'*x).center(n*3))
```

4. 写出下述代码的运行结果。

```
def sum( x,y ):
    x += 1;y += 1
    s = x + y
    print ("函数内输出 1：", s); print ("函数内输出 2：", x,y)
    return s
#调用 sum 函数
x,y = 100,200
s = sum(x,y)
print ("函数外输出 1：", s)
print ("函数外输出 2：", x,y)
```

5. 写出下述代码实现的功能和语句作用

```
def divide(x, y):
    try:
        result = x / y
    except ZeroDivisionError:
        print("分母不能为 0!")
    else:
        print("结果:", result)
    finally:
        print("程序执行结束!")
```

函数调用执行：

```
divide(4,2)
divide(4,0)
```

6. 分析下述语句的作用。(每个注释 1 分)

```
import sqlite3                          #
conn = sqlite3.connect("stu.db")        #
cur = coon.cursor()                     #
cur.execute('select * from student')    #
for row in cur.fetchall():              #
    print(row)                          #
conn.close()                            #
```

四、完善程序(本题 24 分,每空 3 分)

1. 计算 1+2+3+…+100,直到累加和大于或等于 1 000 停止累加,输出累加和及最后累加项。

```
s = 0
for x in range(________):
    s = s + i
    if s >= 1000:________
        print("s = ",s,"i = ",s)
```

2. 用递归调用,计算 x 的 y 次幂。

```
def fun( x,y ):
    if ________: return 1
    return ________
#调用 fun 函数
x = int(input("x = ")); y = int(input("y = "))
f = fun(x,y); print (f)
```

3. 定义 Box 类,计算立方体的体积。

```
class Box():
    '''求立方体的类'''
    def ________(self,length1,width1,height1):
        self.length = length1
        self.width = width1
        self.height = height1
        def volume(self):
        return self.length * self.width * self.height
#实例化类,访问类的方法
my_box = ________
print("立方体的边长:", my_box.length)
print("立方体的体积:", my_box.volume())
```

4. 将字符串"希望,考出好成绩!!"写入文件,然后再读出。

```
newfile = r'd:\t1.txt'
f = open(newfile,'w')
t_n = ________('希望,考出好成绩!! ')
f.close()
print("往文件里写入 %d 字节内容!" % (t_n))
newfile = r'd:\t1.txt'
f = open(newfile,'r')
t_t = ________
print(t_t)
f.close()
```

五、编写程序(本题 23 分)

1. 画结构化流程图,描述算法实现:1+3+5+7+…+99,并输出累加和。(5 分)
2. 按下面输出结果,编写默认参数函数和主程序。(8 分)

```
名字: 我的祖国 年龄: 70
名字: 中国海军 年龄: 70
名字: 改革开放 年龄: 40
```

按照提示,完善"模拟用户登录"窗口代码的编写。(10 分)

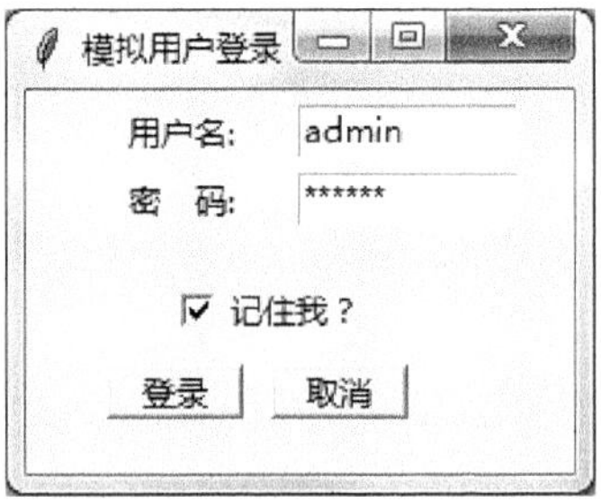

#创建应用程序窗口。(1 分)
#定义窗口大小。(2 分)
#在窗口上创建标签组件。(2 分)
#把标签组件放置到窗口指定区域。(1 分)
#创建按钮组件,同时设置按钮事件处理函数。(2 分)
#把按钮组件放置到窗口指定区域。(1 分)
#启动消息循环。(1 分)

自测题 2

一、填空题(本题 20 分,每小题 2 分)

1. Python 拥有强大的________功能,可以实现不同语言程序的无缝拼接。
2. 使用________方式可以一次导入模块中的所有对象。
3. "x_list=[11,22,33,44]",执行"print(x_list[2])"输出________。

4. “List(range(5))”的结果为________。

5. “x=list()”的作用是：________。

6. s={1,2,3}，执行“s. update({3,5,6})”后，集合 s 为________。

7. ________是保证代码健壮性和提高容错性的重要技术。

8. 正则表达式由________及其不同组合来构成，完成复杂查找、替换等处理要求。

9. “x=[4,5,6,7]，x. extend([8,9])”，列表 x 为________。

10. “aList=[3,5,7,9]”，切片“aList[:3]=[]”，aList 为________。

二、判断题(本题 10 分，每小题 1 分)

1. Python，严格使用缩进体现代码的逻辑从属关系。(　　)

2. 返回[1,100]区间上的随机整数：“n=random. randrange(1,100)”。(　　)

3. Python 支持命令式编程和函数式编程两种方式。(　　)

4. Python，变量只能以字母开头。(　　)

5. Python 内置对象不需要安装和导入，可以直接使用。(　　)

6. 表达式 15//4 的值为 3.0。(　　)

7. 元组属于有序不可变序列。(　　)

8. 网络爬虫程序，用于在网络上抓取感兴趣的数据或信息。(　　)

9. 变量起作用的代码范围称为变量的作用域。(　　)

10. Python，不支持递归函数调用。(　　)

三、阅读程序(本题 20 分，每小题 4 分)

1. 写出下述代码的运行结果。

```
def fun(x,y):
    return x + y
x_list = list(map(fun,range(4),range(5,9)))
print(x_list)
```

2. 写出下述代码实现的功能。

```
i = s = 0
while True:
    s += i
    i += 1
if i > 100:
    break
print(s)
```

3. 写出下述代码的运行结果。

```
n = 4
for x in range(1,n + 1):
    for y in range(1,x + 1):
        print(y,end = ' ')
    print()
```

4. 写出下述代码的运行结果。

```
def fun( ):
    global x
    x = 30
    print (x)
#调用 fun 函数
x = 50
fun()
print (x)
```

5. 分析下述代码的执行效果。

```
< html >
    < body >
        < form >
            < input type = "button"value = "保存"onClick = "alert('保存成功');" >
                < /form >
    < /body >
< /html >
```

四、完善程序(本题 30 分,每空 3 分)

1. 编写函数,计算并输出斐波那契数列中小于参数 n 的所有值。

```
def fib(n):
    a,b = 1,1
    while ________:
        print(a,end = ' ')
        a,b = ________
#调用 fun 函数
fib(500)
```

2. 用递归调用计算 n!。

```
def fun( n ):
    if ________: return 1
    return ________
#调用 fun 函数
n = int(input("n = "))
print (fun(n))
```

3. 定义 Circle 类,计算圆的面积。

```
class Circle():
    def__init__(________):
        self.x = x1
        self.y = y1
        self.r = r1
    def area(self):
```

```
        return ________
my_circle = Circle(3,5,8)
print("圆的面积：", my_circle.area())
```

4. 将列表元素写入文件，然后再读出。

```
nums = ['伟','大','祖','国','70','华','诞']
f = open(r'd:\t.txt','a')
for get_one ________：
    f.write(get_one + '\n')
f.close()
f = open(r'd:\t.txt','r')
data = 1
while data：
    data = f.________
    print(data)
f.close()
```

5. 键盘输入一个整数，不接收其他类型的输入。

```
while True：
    x = input("请输入整数：")
    try：
        x = ________
    ________ Exception as e：
    print("输入错误!")
    else：
    print('输入：', x )
    break
```

五、编写程序（本题 20 分）

1. 画传统流程图，描述算法实现：1＋2＋3＋…＋n。（6 分）

2. 编写程序，输入一个自然数 n，计算并输出前 n 个自然数的阶乘之和。（6 分）

3. 按照提示，完善“模拟用户登录”窗口代码的编写。（8 分）

＃创建应用程序窗口。（1 分）

＃在窗口上创建文本框组件。（2 分）

＃把文本框组件放置到窗口指定区域。（1 分）

＃创建复选框“记住我？”组件。（2 分）

＃把复选框“记住我？”组件放置到窗口指定区域。（1 分）

＃启动消息循环。（1 分）

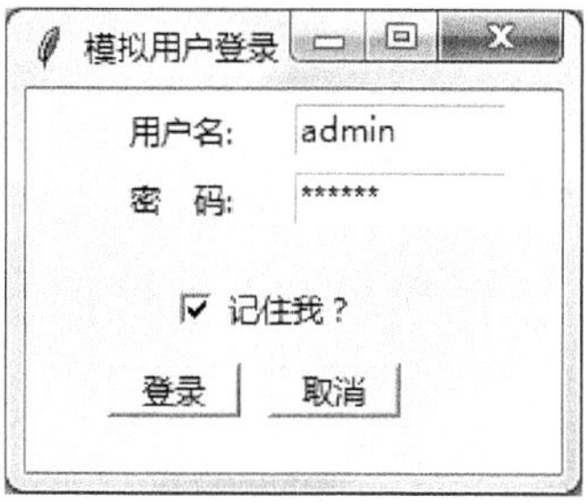

自测题 1 参考答案

一、填空题

1. 解释　2. 方法和步骤　3. 集成开发学习环境　4. 函数
5. 函数　6. pip install　7. False
8. 中国梦我的梦中国梦我的梦中国梦我的梦　9. true
10. B　98　11. r 或 R　12. 1 3 5 7 9　13. [1,2,3,4]
14. [3,4,5,6,7,8]　15. 8　16. 数据可视化

二、判断题

1	2	3	4	5	6	7	8	9	10
√	×	√	×	√	×	√	√	√	×

三、阅读程序

1. [6,7,8,9]
2. aList=[x+x for x in range(20)]
3.
```
         *
      *     *
   *     *     *
*     *     *     *
   *     *     *
      *     *
         *
```
4. 函数内输出 1：　302
   函数内输出 2：　101 201
   函数外输出 1：　302
   函数外输出 2：　100 200
5. 结果：2.0
   程序执行结束！
   分母不能为 0！
6. 程序执行结束！
   #导入 sqlite3
   #连接数据库
   #创建关联游标
   #执行查询命令
   #遍历循环查询记录
   #输出记录
   #关闭连接

四、完善程序

1. 1,101　　　　break
2. y==0　　　　x * fun(x,y-1)
3. __init__　　　Box(5,5,5)
4. f. write　　　f. read()

五、程序设计

1.

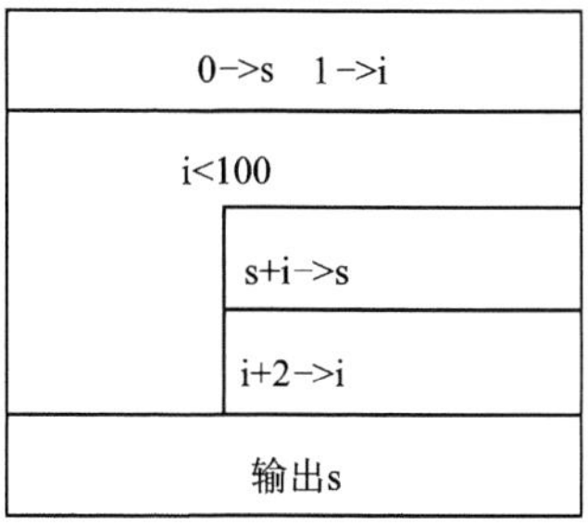

2.

```
def printfun( name, age = 40 ):
    print ("名字：", name,end=" ")
    print ("年龄：", age)
    return
printfun( age=70, name="我的祖国" )
printfun( age=70, name="中国海军" )
printfun( name="改革开放" )
```

3.

```
#创建应用程序窗口
root=tkinter.TK()
#定义窗口大小
Root['height']=140
Root['width']=200
#在窗口上创建标签组件
labelname=tkinter.label(root,text='用户名',justify=tkinter.right,
                        anchor='e',width=80)
#把标签组件放置到窗口指定区域
labelname.place(x=10,y=5,width=80,height=20)
#创建按钮组件,同时设置按钮事件处理函数
buttonok=tkinter.button(root,text='登录',command=login)
#把按钮组件放置到窗口指定区域
buttonok.place(x=30,y=100,width=50,height=20)
#启动消息循环
root.mainloop()
```

自测题 2 参考答案

一、填空题

1. 胶水
2. From 模块 import *
3. 33
4. [0,1,2,3,4]
5. 创建空列表
6. s={1,2,3,5,6}
7. 异常处理结构
8. 元字符
9. [4,5,6,7,8,9]
10. [9]

二、判断题

1	2	3	4	5	6	7	8	9	10
√	×	√	×	√	×	√	√	√	×

三、阅读程序

1. [5,7,9,11]

2. 计算 1+2+3+…+100

3.
```
1
1 2
1 2 3
1 2 3 4
```

4.
```
30
30
```

5. 单击“保存”按钮,网页显示“保存成功”提示

四、完善程序(本题 30 分,每空 3 分)

1.

a < n

b,a+b

2.

n==1

n * fun(n−1)

3.

x1,y1,r1

self. r * self. r * 3. 1415

4.

nums

readline()

5.

int(x)

Except

五、程序设计(本题 20 分)

1.

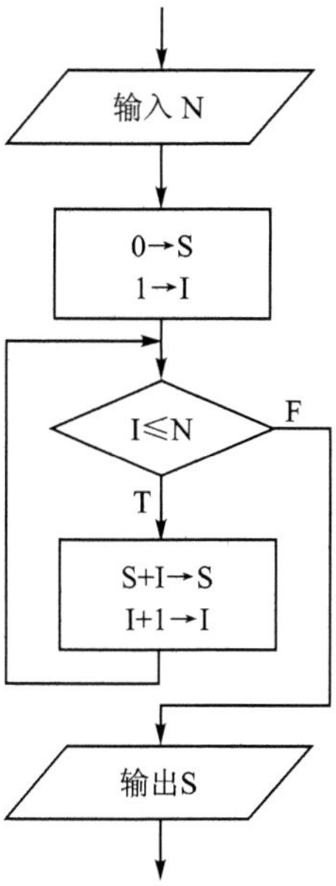

2.

```
n = int(input('n = '))
s,t = 1,1
for i in range(2,n + 1):
    t *= i
    s += t
print(s)
```

3.

```
#创建应用程序窗口
root = tkinter.TK()
#在窗口上创建文本框组件
varname = tkinter.stringvar(root,value = '')
entryname = tkinter.entry(root,width = 80,textvariable = varname)
#把文本框组件放置到窗口指定区域
entryname.place(x = 100,y = 5,width = 80,height = 20)
#创建复选框"记住我?"组件
rememberme = tkinter.intvar(root,value = 1)
checkremember  = tkinter.checkbotton(root,text = '记住我?',variable =
            rememberme,onvalue = 1,offvalue = 0)
#把复选框"记住我?"组件放置到窗口指定区域
checkremember.place(x = 30,y = 70,width = 120,height = 20)
#启动消息循环
root.mainloop()
```

附录 C

常用的 Python 关键字索引

关键字	功能或含义
and	逻辑与运算
as	在 import 或 except 语句中给对象起别名
assert	断言，用来确认某个条件必须满足，可用来帮助调试程序
break	用在循环中，提前结束 break 所在层次的循环
class	用来定义类
continue	用在循环中，提前结束本次循环
def	用来定义函数
del	用来删除对象或对象成员
elif	用在选择结构中，表示 else if 的意思
else	可以用在选择结构、循环结构和异常处理结构中
except	用在异常处理结构中，用来捕获特定类型的异常
False	常量，逻辑假
finally	用在异常处理结构中，用来表示不论是否发生异常都会执行的代码
for	构造 for 循环，用来迭代序列或迭代对象中的所有元素
from	明确指定从哪个模块中导入什么对象，例如“from math import sin”
global	定义或声明全局变量
if	用在选择结构中
import	用来导入模块或模块中的对象
in	成员测试
is	同一性测试
lambda	用来定义 lambda 表达式，类似于函数
None	常量，空值
nonlocal	用来声明 nonlocal 变量
not	逻辑非运算
or	逻辑或运算
pass	空语句，执行该语句时什么都不做，常用作占位符
raise	用来显式抛出异常
return	在函数中用来返回值，如果没有指定返回值，表示返回空值 None
True	常量，逻辑真
try	在异常处理结构中用来限定可能会引发异常的代码块
while	用来构造 while 循环结构，只要条件表达式等价于 True 就重复执行限定的代码
with	上下文管理，具有自动管理资源的功能
yield	在生成器函数中用来返回值

附录 D

常用字符与 ASCII 代码对照表

1. 控制字符

控制字符	字符	ASCII码值			控制字符	字符	ASCII码值		
		十进制	八进制	十六进制			十进制	八进制	十六进制
NUL	(null)	0	0	0	DLE	▶	16	20	10
SOH	☺	1	1	1	DC1	◀	17	21	11
STX	●	2	2	2	DC2		18	22	12
ETX	♥	3	3	3	DC3	!!	19	23	13
EOT	♦	4	4	4	DC4	¶	20	24	14
END	♣	5	5	5	NAK	§	21	25	15
ACK	♠	6	6	6	SYN	▬	22	26	16
BEL	(beep)	7	7	7	ETB		23	27	17
BS	backspa	8	10	8	CAN	↑	24	30	18
HT	(tab)	9	11	9	EM	↓	25	31	19
LF	(line feed)	10	12	a	SUB	→	26	32	1a
VT	(home)	11	13	b	ESC	←	27	33	1b
FF	(form feed)	12	14	c	FS	∟	28	34	1c
CR	(carriage return)	13	15	d	GS	◆	29	35	1d
SO	♬	14	16	e	RS	▲	30	36	1e
SI	☼	15	17	f	US	▼	31	37	1f

2. 非控制字符

字　符	ASCII 码值			字　符	ASCII 码值			字　符	ASCII 码值			字　符	ASCII 码值		
	十进制	八进制	十六进制		十进制	八进制	十六进制		十进制	八进制	十六进制		十进制	八进制	十六进制
(space)	32	40	20	8	56	70	38	P	80	120	50	h	104	150	68
!	33	41	21	9	57	71	39	Q	81	121	51	i	105	151	69
"	34	42	22	：	58	72	3a	R	82	122	52	j	106	152	6a
#	35	43	23	；	59	73	3b	S	83	123	53	k	107	153	6b
$	36	44	24	<	60	74	3c	T	84	124	54	l	108	154	6c
%	37	45	25	=	61	75	3d	U	85	125	55	m	109	155	6d
&	38	46	26	>	62	76	3e	V	86	126	56	n	110	156	6e
'	39	47	27	?	63	77	3f	W	87	127	57	o	111	157	6f
(	40	50	28	@	64	100	40	X	88	130	58	p	112	160	70
)	41	51	29	A	65	101	41	Y	89	131	59	q	113	161	71
*	42	52	2a	B	66	102	42	Z	90	132	5a	r	114	162	72
+	43	53	2b	C	67	103	43	[	91	133	5b	s	115	163	73
,	44	54	2c	D	68	104	44	\	92	134	5c	t	116	164	74
-	45	55	2d	E	69	105	45	]	93	135	5d	u	117	165	75
。	46	56	2e	F	70	106	46	^	94	136	5e	v	118	166	76
/	47	57	2f	G	71	107	47	_	95	137	5f	w	119	167	77
0	48	60	30	H	72	110	48	`	96	140	60	x	120	170	78
1	49	61	31	I	73	111	49	a	97	141	61	y	121	171	79
2	50	62	32	G	74	112	4a	b	98	142	62	z	122	172	7a
3	51	63	33	K	75	113	4b	c	99	143	63	{	123	173	7b
4	52	64	34	L	76	114	4c	d	100	144	64	¦	124	174	7c
5	53	65	35	M	77	115	4d	e	101	145	65	}	125	175	7d
6	54	66	36	N	78	116	4e	f	102	146	66	~	126	176	7e
7	55	67	37	O	79	117	4f	g	103	147	67		127	177	7f

附录 E

元字符索引

序　号	元字符	功能描述
1	.	匹配除换行符以外的任意单个字符
2	*	匹配位于“*”之前的字符或子模式的 0 次或多次出现
3	+	匹配位于“+”之前的字符或子模式的 1 次或多次出现
4	-	在[]之内用来表示范围
5	|	匹配位于“|”之前或之后的字符
6	^	匹配行首，匹配以“^”后面的字符开头的字符串
7	$	匹配行尾，匹配以“$”之前的字符结束的字符串
8	?	匹配位于“?”之前的 0 个或 1 个字符。当此字符紧随任何其他限定符(*、+、?、{n}、{n,}、{n,m})之后时，匹配模式是“非贪心的”。“非贪心的”模式匹配搜索到的、尽可能短的字符串，而默认的“贪心的”模式匹配搜索到的、尽可能长的字符串。例如，在字符串“oooo”中，“o+?”只匹配单个“o”，而“o+”则匹配所有“o”
9	\	表示位于“\”之后的为转义字符
10	\num	此处的 num 是一个正整数，表示子模式编号。例如，“(.)\1”匹配两个连续的相同字符
11	\f	换页符匹配
12	\n	换行符匹配
13	\r	匹配一个回车符
14	\b	匹配单词头或单词尾
15	\B	与“\b”含义相反
16	\d	匹配任何数字，相当于“[0-9]”
17	\D	与“\d”含义相反，等效于“[^0-9]”
18	\s	匹配任何空白字符，包括空格、制表符、换页符，与“[\f\n\r\t\v]”等效
19	\S	与“\s”含义相反
20	\w	匹配任何字母、数字以及下画线，相当于“[a-zA-Z0-9_]”
21	\W	与“\w”含义相反，与“[^A-Za-z0-9_]”等效
22	()	将位于()内的内容作为一个整体来对待
23	{m,n}	{}前的字符或子模式重复至少 m 次，至多 n 次
24	[ ]	表示范围，匹配位于[]中的任意一个字符
25	[^xyz]	反向字符集，匹配除 x、y、z 之外的任何字符
26	[a-z]	字符范围，匹配指定范围内的任何字符
27	[^a-z]	反向范围字符，匹配除小写英文字母之外的任何字符

附录 F

Python 常用 math 模块函数

类 型	函 数	功能说明
数论 表示函数	ceil(x)	取大于或等于 x 的最小的整数值，如果 x 是一个整数，则返回 x
	copysign(x,y)	把 y 的正负号加到 x 前面，可以使用 0
	fabs(x)	返回 x 的绝对值
	factorial(x)	取 x 的阶乘的值
	floor(x)	取小于或等于 x 的最大的整数值，如果 x 是一个整数，则返回自身
	fmod(x,y)	得到 x/y 的余数，其值是一个浮点数
	frexp(x)	返回一个元组(m,e)，其计算方式为：x 分别除 0.5 和 1，得到一个值的范围
	fsum(iterable)	对迭代器里的每个元素进行求和操作
	gcd(x,y)	返回 x 和 y 的最大公约数
	Isclose(a,b,*, rel_tol=le−09, abs_tol=0.0)	如果值 a 和 b 彼此接近，则返回 True，否则返回 False；rel_tol 是相对容差，它是 a 和 b 之间允许的最大差值。默认值为 1e−09(0.000000001)；abs_tol 是最小绝对容差，对于接近零的比较有用，默认值为 0.0
	isfinite(x)	如果 x 既不是无穷也不是 NaN1，则返回 True，否则返回 False
	isinf(x)	如果 x 是正无穷大或负无穷大，则返回 True，否则返回 False
	isnan(x)	如果 x 不是数字，则返回 True，否则返回 False
	Idexp(x,i)	返回 x*(2**i)的值
	Modf(x)	返回由 x 的小数部分和整数部分组成的元组
	trunc(x)	返回 x 的整数部分
幂数 对数函数	exp(x)	返回 e**x
	expml(x)	返回 e**x−1
	log(x[,base])	返回 x 的自然对数，默认以 e 为基数；base 参数给定时，将 x 的对数返回给定的 base
	loglp(x)	返回 1+x 的自然对数(基数 e)。计算结果的方式对于接近零的 x 是准确的
	log2(x)	返回 x 的基数为 2 的对数，这通常比 log(x,2)更准确
	logl0(x)	返回 x 的基数为 10 的对数，这通常比 log(x,10)更准确
	pow(x,y)	返回 x 的 y 次方，即 x**y
	sqrt(x)	返回 x 的平方根

续表

类　型	函　数	功能说明
三角函数值	acos(x)	返回 x 的反余弦,单位为弧度
	asin(x)	返回 x 的反正弦,单位为弧度
	atan(x)	返回 x 的反正切,单位为弧度
	atan2(y,x)	返回 atan(y/x),单位为弧度
	cos(x)	返回 x 弧度的余弦
	hypot(x,y)	返回欧几里得范数 sqrt(x * x＋y * y)
	sin(x)	返回 x 弧度的正弦值
	tan(x)	返回 x 弧度的切线
角度转换函数	degrees(x)	将角度 x 从弧度转换为度数
	radians(x)	将角度 x 从度数转换为弧度
双曲函数	acosh(x)	返回 x 的反双曲余弦
	asinh(x)	返回 x 的反双曲正弦
	atanh(x)	返回 x 的反双曲正切
	cosh(x)	返回 x 的双曲余弦
	sinh(x)	返回 x 的双曲正弦
	tanh(x)	返回 x 的双曲正切
特殊功能函数	erf(x)	返回 x 处的错误函数
	phi(x)	标准正态分布的累积分布函数,返回"(1.0＋erf(x/sqrt(2.0)))/2.0"
	erfc(x)	返回 x 处的补充错误函数,互补误差函数定义为 1.0－erf(x)
	gamma(x)	返回 x 处的伽马函数(Gamma Function)1
	lgamma(x)	返回 x 处伽马函数绝对值的自然对数
数学常量	pi	数学常数 x＝3.141 592…,可用精度
	e	数学常数 e＝2.718 281…,可用精度
	tau	数学常数 t＝6.283 185…,可用精度。tau 是一个等于 2π 的圆常量,即圆的周长与其半径之比
	inf	浮点正无限(对于负无穷大,请使用－math.inf),等同于"float('inf')"的输出
	nan	浮点"不是数字"(NaN)值,等同于"float('nan')"的输出

参考文献

[1] Python 语言官网. https://www. python. org/.

[2] 伯乐在线. Python 扩展库使用介绍[EB/OL][2020-08-10]. http://hao. jobbole. com/.

[3] 中国大学 MOOC(慕课)学习平台. Python 课程学习. [EB/OL][2020-08-11]. https://www. icourse163. org/.

[4] 菜鸟教程官网. Python 介绍. [EB/OL][2020-08-11]. https://www. runoob. com/.

[5] 王晓斌. 新编 C/C++程序设计教程[M]. 北京:北京航空航天大学出版社,2015.

[6] 董付国. Python 程序设计基础与应用[M]. 北京:机械工业出版社,2018.

[7] 刘瑜. Python 编程从零基础到项目实践[M]. 北京:中国水利水电出版社,2018.